高等学校"十三五"规划教材

基础化学实验

孙立平　李保庆　主　编
董　建　陈红余　副主编

化学工业出版社
·北京·

《基础化学实验》从化学学科的内在规律出发，以化学实验的基本原理、基本方法与基本技能为主线，按照"基本实验—综合性实验—设计性实验"三个层次编写，突出基础性、系统性和整体性。为更加契合医学院校的特点，本书选编实验时注意与医药学专业的联系。本书共 32 个实验项目，可满足医学类学生的实验需求。

本书可作为医学类专业本科生的教材，也可供其它非化学类专业参考使用。

图书在版编目（CIP）数据

基础化学实验/孙立平，李保庆主编 . —北京：化学工业出版社，2016.8

高等学校"十三五"规划教材

ISBN 978-7-122-27186-0

Ⅰ.①基…　Ⅱ.①孙…②李…　Ⅲ.①化学实验-高等学校-教材　Ⅳ.①O6-3

中国版本图书馆 CIP 数据核字（2016）第 120596 号

责任编辑：宋林青　　　　　　　　　　装帧设计：史利平
责任校对：王　静

出版发行：化学工业出版社（北京市东城区青年湖南街 13 号　邮政编码 100011）
印　　装：北京云浩印刷有限责任公司
787mm×1092mm　1/16　印张 9½　彩插 1　字数 218 千字　2016 年 8 月北京第 1 版第 1 次印刷

购书咨询：010-64518888（传真：010-64519686）　售后服务：010-64518899
网　　址：http://www.cip.com.cn
凡购买本书，如有缺损质量问题，本社销售中心负责调换。

定　　价：20.00 元

《基础化学实验》编写人员

主　编　孙立平　李保庆

副主编　董　建　陈红余

编　者　（以汉语拼音为序）

　　　　陈红余　崔建华　董　建　董丽花

　　　　江　栋　李保庆　刘晶静　刘振亮

　　　　庞现红　孙　红　孙立平　王　腾

　　　　王晓鹏　张　倩　朱晓慧

前　言

　　为了适应 21 世纪我国高等医学教育事业的发展和基础化学实验改革的需要，进一步提高高等医学院校基础化学实验的教学水平，我们在总结多年实验教学经验的基础上编写了这本教材。本书可供高等医学院校的临床、口腔、预防、护理等医学类专业的学生使用，也可供从事基础化学实验教学的教师参考。

　　基础化学是一门实践性很强的学科。通过基础化学实验教学，有利于培养和发展学生对科学知识的学习兴趣和能力；由于实验中手脑并用，感知与思维相结合，理论与实践相结合，可以使学生熟练掌握化学实验的基本操作技能，加深对基础化学基本理论的理解，为学生参加医学科学研究工作打下良好基础。

　　本教材在编写过程中借鉴当前基础化学实验教学研究的最新成果，结合自身教学实践，以培养学生具有严格严谨、实事求是的科学态度，耐心细致、精益求精的工作作风为基本要求，对教学内容体系进行优化整合。本书从化学学科的内在规律出发，以化学实验的基本原理、基本方法与基本技能为主线，按照"基本实验—综合性实验—设计性实验"三个层次编写，突出基础化学实验教学体系的基础性、系统性和整体性。同时，根据高等医学院校的特点，选编实验时注重与医药学专业的联系。全书分为化学实验基础知识、基本操作实验、基本原理实验、综合性实验和设计性实验等几部分。本书在实验内容的选择上突出基础性，并对一些实验项目进行了微型化探索。

　　本书由泰山医学院孙立平老师和李保庆老师主编，参编人员有泰山医学院基础化学全体任课老师、基础化学实验室的部分老师、山东师范学院的董丽花老师和泰山学院的刘晶静老师。在编写过程中，参阅了部分已出版的教材和有关著作，从中借鉴了一些有益的内容，在此对有关著作责任者表示感谢。

　　由于编者水平有限，书中难免有疏漏和不足之处，敬请大家提出宝贵意见。

编者

2016 年 4 月

目　录

第一部分

化学实验基础知识

一、基础化学实验的教学目的

基础化学实验是一门实践性基础课程，是医学、药学、生物、化学等相关专业大学生的第一门实验必修课。本课程的主要任务是加强学生化学基础理论、基本知识和基本技能的训练，为学生学习后继课程奠定必要的化学实验基础，也为学生毕业后从事专业工作及进行科学研究提供更多的分析问题和解决问题的思路和方法。

基础化学实验的研究对象可概括为：以实验为手段来了解基础化学中的重要原理、元素及其化合物的性质、无机化合物的制备、分离纯化及分析鉴定等。通过基础化学实验课，学生应受到以下训练。

① 使课堂中讲授的重要理论和概念得到验证、巩固和充实，并适当地扩大知识面。化学实验不仅能使理论知识具体化、形象化，并且能说明这些理论和规律在应用时的条件、范围和方法，较全面地反映化学研究的复杂性和多样性。

② 培养学生掌握正确的实验操作技能。具有正确规范的操作，才能保证获得准确的数据和结果，从而才能得出正确的结论。因此，化学实验中的基本操作训练具有极其重要的意义。

③ 培养学生独立思考和独立工作的能力。学生通过实验培养灵活运用化学理论知识和方法的能力，提高细致观察和分析实验现象、认真处理实验数据、善于概括归纳总结内在规律的研究素质。学生能够正确运用基础理论知识，指导和处理实验中发现的具体问题。

④ 培养学生科学的工作态度和习惯。科学的工作态度是指实事求是的作风，忠实于所观察到的客观现象。当发现实验现象与理论不符时，应及时检查操作是否正确或所涉及的理论运用是否合适。科学的工作习惯是指操作正确、观察细致、安排合理等，这些都是做好实验研究工作必备的重要素质。

二、基础化学实验的学习方法

基础化学实验是在教师的正确引导下由学生独立完成的，因此实验效果的优劣与学习态度和学习方法密切相关。对于基础化学实验的学习方法，应抓住以下三个重要环节。

1. 预习

实验前预习是必要的准备工作，是做好实验的前提。这个环节必须足够重视，如果不预习，对实验目的、要求和内容不清楚，不允许进行实验。实验前任课教师要检查每个学生的预习情况，查看学生的预习笔记，对没有预习或预习不合格者，任课教师有权不让其参加本次实验。

实验预习要求学生认真阅读实验教材及相关参考资料，明确实验目的、理解实验原理、熟悉实验内容、掌握实验方法、牢记实验中有关注意事项，在此基础上简明、扼要地写出预习报告；预习报告应包括简要的实验目的、实验原理、实验步骤与操作、测量数据记录的表格、定量实验的计算公式等，而且要留有记录实验现象和测量数据的充足位置。

实验开始前按时到达实验室，专心听指导教师的讲解，迟到 15min 以上者禁止进行此次实验。

2. 操作

实验操作是实验课的主要内容，必须认真、独立地完成。在实验操作过程中，必须做到以下几点。

①"看"　仔细观察实验现象，包括气体的产生，沉淀的生成，颜色的变化及温度、压力、流量等参数的变化。

②"想"　开动脑筋仔细研究实验中产生的现象，分析、解决问题，对感性认识作出理性分析，找出正确的实验方法，逐步提高思维能力。

③"做"　带着思考的结果动手进行实验，从而学会实验基本方法与操作技能，培养动手能力。

④"记"　善于及时记录实验现象与数据，养成把数据准确、及时记录下来的良好实验习惯。

⑤"论"　善于对实验中产生的现象进行理性讨论，提倡学生之间或师生之间的讨论，提高每次实验的效率及认知的深度。

另外，实验中自觉养成良好的科学习惯，遵守实验室规则，实验过程中始终保持桌面布局合理，环境整洁。

3. 实验报告

实验结束后，认真概括和总结本次实验，写好实验报告。

一份合格的实验报告应包括以下几方面内容。

① 实验名称、日期。

② 实验目的：写明对本实验的要求。

③ 实验原理：简述实验的基本原理及反应方程式。

④ 实验内容：实验内容是学生实际操作的简述，尽量用表格、箭头、框图或符号等形式简洁明了地表达实验进行的过程，避免完全照抄书本。

⑤ 实验现象和数据记录：实验现象要表达正确，数据记录要完整，绝对不允许主观臆造、抄袭他人的数据，若发现主观臆造或抄袭者严加查处。

⑥ 解释、结论或数据计算：对现象加以明确的解释，写出主要反应方程式，分标题小结或者最后得出结论，数据计算要表达清晰，有效数字要规范。

⑦ 问题讨论：针对实验中遇到的疑难问题提出自己的见解。定量实验应分析误差产生的原因。也可以对实验方法、实验内容提出意见或者建议。

每次实验报告应在下次实验前连同实验原始记录一起交给带教老师。

三、化学实验室安全知识

化学实验室是学习、研究化学问题的重要场所。在实验室中，经常接触到各种化学药品和仪器。实验室常常潜藏着诸如发生爆炸、着火、中毒、灼伤、割伤、触电等事故的危险。因此，实验者必须特别重视实验室安全。

1. 基础化学实验守则

① 实验前认真预习，明确实验目的，了解实验原理，熟悉实验内容、方法和步骤。

② 严格遵守实验室的规章制度。听从教师的指导，实验中要保持安静，有条不紊。保持实验室的整洁。

③ 实验中要规范操作，仔细观察，认真思考，如实记录。

④ 爱护仪器，节约水、电、煤气和试剂。精密仪器使用后要在登记本上记录使用情况，并经教师检查认可。

⑤ 凡涉及有毒气体的实验，都应在通风橱中进行。

⑥ 废纸、火柴梗、碎玻璃和各种废液倒入废物桶或其它规定的回收容器中。

⑦ 损坏仪器应填写仪器破损单，并按规定进行赔偿。

⑧ 发生意外事故应保持镇静，立即报告教师，及时处理。

⑨ 实验完毕，整理好仪器、药品和台面，清扫实验室，关好煤气、门、窗。

⑩ 根据原始记录，独立完成实验报告。

2. 危险品的使用

① 浓酸和浓碱具有强腐蚀性，注意不要洒在皮肤或衣物上，废液应倒入废液缸中，但酸碱不要混合，以免酸碱中和产生大量的热而发生危险。

② 强氧化剂（如高氯酸、氯酸钾等）及其混合物（氯酸钾与红磷、碳、硫等的混合物）不能研磨或撞击，否则易发生爆炸。

③ 银氨溶液放久后会变成氮化银而引起爆炸，因此用剩的银氨溶液应及时处理。

④ 活泼金属钾、钠等不要与水接触或暴露在空气中，应将它们保存在煤油中，用镊子取用。

⑤ 白磷有剧毒，并能灼伤皮肤，切勿与人体接触。白磷在空气中易自燃，应保存在水中。取用时，应在水下进行切割，用镊子夹取。

⑥ 氢气与空气的混合物遇火能发生爆炸，因此产生氢气的装置要远离明火。点燃氢气前，必须先检查氢气的纯度。进行产生大量氢气的实验时，应把废气通至室外，并注意室内的通风。

⑦ 有机溶剂（乙醇、乙醚、苯、丙酮等）易燃，使用时一定要远离明火。用后要把瓶塞塞紧，放在阴凉的地方，最好放入砂桶内。

⑧ 进行能产生有害气体（如氟化氢、硫化氢、氯气、一氧化碳、二氧化碳、二氧化氮、二氧化硫、溴等）的反应及加热盐酸、硝酸和硫酸时，均应在通风橱中进行。

⑨ 汞易挥发，在人体内会积累起来，引起慢性中毒。为了减少汞液面的蒸发，可在汞液面上覆盖化学液体：甘油的效果最好，5% Na_2S 溶液次之，水的效果最差。溅落的汞应尽量用毛刷蘸水收集起来，直径大于 1mm 的汞颗粒可用吸气球或真空泵抽吸的捡汞器收集起来。撒落过汞的地方可以撒上多硫化钙、硫黄粉、漂白粉或喷洒药品使汞生成不挥发的难溶盐，并要扫除干净。可溶性汞盐、铬的化合物、氰化物、砷盐、锑盐、镉盐和钡盐都有毒，不得进入口内或接触伤口，其废液也不能倒入下水道，应统一回收处理。

3. 化学中毒和化学灼伤事故的预防

① 保护好眼睛。防止眼睛受刺激性气体的熏染，防止任何化学药品特别是强酸、强碱以及玻璃屑等异物进入眼内。

② 禁止用手直接取用任何化学药品。使用有毒化学药品时，除用药匙、量器外，必须戴橡胶手套，实验后马上清洗仪器用具，并立即用肥皂洗手。

③ 尽量避免吸入任何药品和溶剂的蒸气。处理具有刺激性、恶臭和有毒的化学药品时，如 H_2S、NO_2、Cl_2、Br_2、CO、SO_2、HCl、HF、浓硝酸、发烟硫酸、浓盐酸、乙酰氯等，必须在通风橱中进行。通风橱开启后，不要把头伸入橱内，并保持实验室通风良好。

④ 严禁在酸性介质中使用氰化物。

⑤ 用移液管、吸量管移取液体时，严禁用口吸取，应该用洗耳球吸取。严禁冒险品尝药品试剂，不得用鼻子直接嗅气体，而是用手向鼻孔扇入少量气体。

⑥ 实验室内禁止吸烟进食，禁止穿拖鞋。

4. 一般伤害的救护

① 割伤　可用消毒棉棒把伤口清理干净，若有玻璃碎片需小心挑出，然后涂以紫药水等抗菌药物消炎并包扎。

② 烫伤　一旦被火焰、蒸汽、红热的玻璃或铁器等烫伤时，立即将伤处用大量水冲洗，以迅速降温避免深度烧伤。若起水泡，不宜挑破，用纱布包扎后送医院治疗；对轻微烫伤，可用浓高锰酸钾溶液润湿伤口至皮肤变为棕色，然后涂上烫伤膏。

③ 受酸腐蚀　先用大量水冲洗，以免深度烧伤，再用饱和碳酸氢钠溶液或稀氨水冲洗，最后再用水冲洗。如果酸溅入眼内也用此法，只是将碳酸氢钠溶液改用1％的浓度，禁用稀氨水。

④ 受碱腐蚀　先用大量水冲洗，再用乙酸（$20g \cdot L^{-1}$）洗，最后用水冲洗。如果碱溅入眼内，可用硼酸溶液洗，再用水洗。

⑤ 受溴灼伤　这是很危险的。被溴灼伤后的伤口一般不易愈合，必须严加防范。凡用溴时都必须预先配制好适量的20％的 $Na_2S_2O_3$ 溶液备用。一旦有溴沾到皮肤上，立即用 $Na_2S_2O_3$ 溶液冲洗，再用大量的水冲洗干净，包上消毒纱布后就医。

⑥ 白磷灼伤　用1％的硝酸银溶液、1％的硫酸铜溶液或浓高锰酸钾溶液洗后进行包扎。

⑦ 吸入刺激性气体　可吸入少量酒精和乙醚的混合蒸气，然后到室外呼吸新鲜空气。

⑧ 毒物进入口内　把5～10mL的稀硫酸铜溶液加入一杯温水中，内服后用手伸入咽喉促使呕吐，吐出毒物，再送医院治疗。

5. 灭火常识

实验室内万一着火，要根据起火原因和火场周围的情况来处理，不要慌张，一般应立即采取以下措施。

① 防止火势扩展　停止加热，停止通风，关闭电闸，移走一切可燃物。

② 扑灭火源　一般的小火可用湿布、石棉布或砂土掩盖在着火的物体上；能与水发生剧烈作用的化学药品（如金属钠）或比水轻的有机溶剂着火，不能用水扑救，否则会引起更大的火灾，应使用合适的灭火器扑灭。

6. 实验室急救药箱

为了对实验室的意外事故进行紧急处理，每个实验室应配备一个急救药箱，药箱内可准备如表1-1所列药品和工具。

表 1-1　急救药箱中药品和工具

紫药水	碳酸氢钠溶液(饱和)	饱和硼酸溶液
獾油或烫伤膏	乙酸溶液(2%)	氨水(5%)
碘酒(3%)	硫酸铜溶液(5%)	高锰酸钾晶体(需要时再配成溶液)
消炎粉	氯化铁溶液(止血剂)	甘油
凡士林	消毒棉	氧化锌橡皮膏
绷带	棉签	剪刀
纱布	创可贴	

四、实验室"三废"的处理

根据绿色化学的基本原则，化学实验室应尽可能选择开设对环境无毒害的实验项目。对确实无法避免的实验项目如果排放出废气、废液和废渣（这些废弃物又称"三废"），如果对其不加处理而任意排放，不仅污染周围空气、水源和环境，造成公害，而且"三废"中的有用或贵重的成分未能回收，在经济上也是个损失。因此化学实验室"三废"的处理问题是很重要而又有意义的问题。

化学实验室的环境保护应该规范化、制度化，应对每次实验产生的废气、废渣和废液进行处理。要求教师和学生按照国家要求的排放标准进行处理，把用过的酸类、碱类、盐类等**各种废液、废渣，分别倒入各自的回收容器内，再根据各类废弃物的特性，分别采取中和、吸收、燃烧、回收循环利用等方法来进行处理**。

1. 废气

实验室中凡可能产生有害废气的操作都应在有通风装置的条件下进行，如加热酸、碱溶液及产生少量有毒气体的实验等应在通风橱中进行。汞的操作室必须有良好的全室通风装置，其抽风口通常在墙的下部。实验室若排放毒性大且较多的气体，可参考工业上废气处理的办法，在排放废气之前，采用吸附、吸收、氧化、分解等方法进行预处理。

2. 废液

① 化学实验室产生的废弃物很多，但以废溶液为主。实验室产生的废溶液种类繁多且组成变化大，应根据溶液的性质分别处理。废酸液可先用耐酸塑料网纱或玻璃纤维过滤，滤液加碱中和，调 pH 至 6～8 后就可排出，少量滤渣可埋于地下。

② 废铬酸洗液可用高锰酸钾氧化法使其再生后使用。少量的废铬酸洗液可加废碱液或石灰使其生成 $Cr(OH)_3$ 沉淀，将沉淀埋于地下即可。

③ 氰化物是剧毒物质，少量的含氰废液可先加 NaOH 调至 pH＞10，再加入几滴高锰酸钾使氰化物氧化分解。

④ 含汞盐的废液先调 pH 至 8～10，然后加入过量的 Na_2S，使其生成 HgS 沉淀，并加 $FeSO_4$ 与过量 S^{2-} 反应生成 FeS 沉淀，从而吸附 HgS 共沉淀下来并离心分离，清液含汞量降到 $0.02mg \cdot L^{-1}$ 以下，可排放。少量残渣可埋于地下，大量残渣可用焙烧法回收汞，但注意一定要在通风橱中进行。

⑤ 含重金属离子的废液，最有效和最经济的方法是加碱或加 Na_2S 把重金属离子变成难溶性的氢氧化物或硫化物而沉积下来，过滤后，残渣可埋于地下。

3. 废渣

实验室产生的有害固体废渣虽然不多，但绝不能将其与生活垃圾混倒。固体废弃物经回收、提取有用物质后，方可对其做最终的安全处理。

① 化学稳定　对少量高危险性物质（如放射性废弃物等），可将其通过物理或化学的方法进行（玻璃、水泥、岩石的）固化，再进行深地填埋。

② 土地填埋　这是许多国家作为固体废弃物最终处置的主要方法。要求被填埋的废弃物应是惰性物质或能经微生物分解成为无害物质。填埋场地应远离水场，场地底土不透水，不能穿入地下水层。填埋场地可改建为公园或草地。因此，这是一项综合性的环保工程技术。

五、实验误差与数据处理

1. 误差

化学是一门实验科学，常常要进行许多定量测定，然后由实验测得的数据经过计算得到分析结果。结果的准确与否是一个很重要的问题。不准确的分析结果往往导致错误的结论。在任何一种测量中，无论所用仪器多么精密、测量方法多么完善、测量过程多么精细，测量结果总是不可避免地带有误差。测量过程中，即使是技术非常娴熟的人，用同一种方法，对同一试样进行多次测量，也不可能得到完全一致的结果。这就是说，绝对准确是没有的，误差是客观存在的。实验时应根据实际情况正确测量、记录并处理实验数据，使分析结果达到一定的准确度。

在实验测定中，导致误差产生的原因有许多。根据其性质的不同，可以分为系统误差、偶然误差和过失误差三大类。

（1）系统误差

系统误差是由分析时某些固定的原因造成的。在同一条件下重复测定时，它会重复出现，其大小和正负往往可以通过实验测定，从而对此加以校正，因此，系统误差又称可测误差。系统误差产生的原因主要有以下几种。

① 方法误差　由于分析方法本身不够完善而引起的误差。例如，滴定分析反应进行不完全、有干扰物质存在、滴定终点与化学计量点不一致以及有其它反应发生等，都会产生方法误差。

② 仪器或试剂误差　由于测定时所用仪器不够准确而引起的误差称为仪器误差。例如，分析天平砝码生锈或质量不准确、容量器具和仪器刻度不准确等都会产生此种误差。测定时，所用试剂或蒸馏水中含有微量杂质或干扰物质而引起的误差称为试剂误差。

③ 操作误差　在正常情况下由于主观因素造成的误差。例如滴定管的读数偏高或偏低，操作者对颜色的敏感程度不同造成辨别滴定终点颜色偏深或偏浅等。

（2）偶然误差

偶然误差又称随机误差，是由一些难以预料的偶然外因引起的，如分析测定中环境的温度、湿度、气压的微小变动以及电压和仪器性能的微小改变等都会引起测定数据的波动而产生随机误差。它的数值的大小、正负都难以控制，但服从统计规律，即大随机误差出现的概率小，小随机误差出现的概率大，绝对值相同的正、负随机误差出现的概率大体相等，它们之间常能相互完全或部分抵消。所以随机误差不能通过校正的方法来减小或消除，但可通过增加平行测定次数来减小测量结果的随机误差。在消除系统误差的前提下，用多次测定结果的平均值代替真实值，就保证了结果的准确。

（3）过失误差

过失误差是由于分析人员的粗心大意或不按操作规程操作而产生的误差。如看错砝码、读错刻度、加错试剂，以及记录和计算出错等。这类误差一般无规律可循，只有认真仔细、严谨地工作和加强责任心、提高操作水平，才可避免过失误差。在分析工作中，遇到这类明显错误的测定数据应坚决弃去。

2. 准确度与精密度

绝对准确的实验结果是无法得到的。准确度表示实验结果与真实值接近的程度。精密度表示在相同条件下，对同一样品平行测定几次，各次分析结果相互接近的程度。如果几次测定结果数值比较接近，说明测定结果的精密度高。

精密度高准确度不一定高。例如甲、乙、丙3人，同时分析测定一瓶盐酸溶液的浓度（应为0.1108），测定3次的结果如下：

$$\text{甲：}\begin{cases}0.1122\\0.1121\\0.1123\end{cases}\qquad \text{乙：}\begin{cases}0.1121\\0.1100\\0.1142\end{cases}\qquad \text{丙：}\begin{cases}0.1106\\0.1107\\0.1105\end{cases}$$

平均值： 0.1122　　　　　　0.1121　　　　　　0.1106

真实值： 0.1108　　　　　　0.1108　　　　　　0.1108

差　值： 0.0014　　　　　　0.0013　　　　　　0.0002

精密度好　　　　　　精密度差　　　　　　精密度好

准确度差　　　　　　准确度差　　　　　　准确度好

从上例可以看出，精密度高不一定准确度高，而准确度高一定要精密度高，否则，测得的数据相差很多，根本不可信，这样的结果无法讨论准确度。

由于实际上真实值不知道，通常是进行多次平行分析，求得其算术平均值，以此作为真实值，或者以公认的手册上的数据作为真实值。

准确度的高低用误差(E)表示：

$$E = \text{测定值} - \text{真实值}$$

当测定值大于真实值，误差为正值，表示测定结果偏高；反之，为负值，表示测定结果偏低。

误差可用绝对误差和相对误差来表示。绝对误差表示测定值与真实值之差，相对误差是指误差在真实值中所占的百分率。例如，上述测定盐酸的误差为：

$$\text{绝对误差} = 0.1106 - 0.1108 = -0.0002$$

$$\text{相对误差} = \frac{-0.0002}{0.1108} \times 100\% = -0.2\%$$

偏差用来衡量所得分析结果的精密度。单次测定结果的偏差(d)用该测定值(x)与其算术平均值($\bar{x}$)之间的差来表示，也分为绝对偏差和相对偏差；

$$绝对偏差\ d = x - \overline{x}$$

$$相对偏差 = \frac{d}{\overline{x}} \times 100\%$$

为了说明分析结果的精密度，可用平均偏差和相对平均偏差表示：

$$平均偏差\ \overline{d} = \frac{|d_1| + |d_2| + \cdots + |d_n|}{n} = \frac{1}{n} \sum_{i=1}^{n} |x_i - \overline{x}|$$

$$相对平均偏差 = \frac{\overline{d}}{\overline{x}} \times 100\%$$

d_i 称为 i 次测量值的偏差（$d_i = x - \overline{x}$，$i = 1, 2, \cdots, n$）。

用数理统计方法处理数据时，常用样本的标准偏差 S 和相对标准偏差 S_r 来衡量精密度：

$$S = \sqrt{\frac{\sum\limits_{i=1}^{n}(x_i - \overline{x})^2}{n-1}} = \sqrt{\frac{\sum\limits_{i=1}^{n}d_i^2}{n-1}}$$

$$S_r = \frac{S}{\overline{x}} \times 100\%$$

3. 有效数字

（1）有效数字的概念

有效数字是指在科学实验中实际能测量到的数字。在这个数字中，最后一位数是"可疑数字"（也是有效的），其余各位都是准确的。

有效数字与数学上的数字含义不同。它不仅表示量的大小，还表示测量结果的可靠程度，反映所用仪器和实验方法的准确度。

例如，需称取 $K_2Cr_2O_7$ 8.4g，有效数字为两位，这不仅说明 $K_2Cr_2O_7$ 的质量是 8.4g，而且表明用精密度为 0.1g 的台秤称量即可。若需称取 $K_2Cr_2O_7$ 8.4000g，则必须在精密度为 0.0001 的分析天平上称量。

所以，记录数据时不能随便写。任何超越或低于仪器准确限度的有效数字的数值都是不恰当的。

"0"在数字中的位置不同，其含义是不同的，有时算作有效数字，有时则不算。

① "0"在第一个非零数字前，仅起定位作用，本身不算有效数字。如 0.0124，数字"1"前面的两个"0"都不算有效数字，该数是三位有效数字。

② "0"在非零数字中间，算有效数字。如 4.006 中的两个"0"都是有效数字，该数是四位有效数字。

③ "0"在非零数字后，也算有效数字。如 0.0350 中，"5"后面的"0"是有效数字，该数是三位有效数字。

④ 以"0"结尾的正整数，有效数字位数不定。如 2500，其有效数字位数可能是两位、三位甚至是四位。这种情况应根据实际改写成科学记数法，如 2.5×10^3（两位有效数字），或 2.50×10^3（三位有效数字）等。

⑤ 对数尾数的有效数字与其真数的有效数字位数相同。如 pH = 10.20，其有效数字位数为两位，这是因为由 $[H^+] = 6.3 \times 10^{-11}\,mol \cdot L^{-1}$ 得来。

（2）数字的修约

在处理数据过程中，涉及各测量值的有效数字位数可能不同，因此需要按下面所述的运算规则，确定各测量值的有效数字位数。各测量值的有效数字位数确定以后，就要将它后面多余的数字舍弃。舍弃多余数字的过程称为"数字的修约"，目前一般采用"四舍六入五成双"规则。

规则规定：当测量值中被修约的数字等于或小于 4 时，该数字舍弃；等于或大于 6 时，进位；等于 5 时，若 5 后面跟非零的数字，进位；若 5 后面没有数字或 5 后面跟零时，按留双的原则，5 前面数字是奇数，进位；5 前面的数字是偶数时，舍弃。

根据这一规则，下列测量值修约成两位有效数字时，其结果应为

$4.147 \longrightarrow 4.1$　　　$2.2623 \longrightarrow 2.3$　　　$1.4510 \longrightarrow 1.5$

$2.55 \longrightarrow 2.6$　　　$4.4500 \longrightarrow 4.4$

（3）有效数字的运算规则

① 加减法　几个数据相加或相减时，有效数字的保留应以这几个数据中小数点位数最少的数字为依据。

如　$0.0231 + 12.56 + 1.0025 = ?$

由于每个数据中的最后一位数有 ± 1 的绝对误差，其中以 12.56 的绝对误差最大，和的结果中总的绝对误差值取决于该数，故有效数字位数应根据它来修约。

即修约成　$0.02 + 12.56 + 1.00 = 13.58$

② 乘除法　几个数据相乘或相除时，有效数字的位数应以这几个数据中相对误差最大的为依据，即根据有效数字位数最少的数来进行修约。

如　$0.0231 \times 12.56 \times 1.0025 = ?$

修约成　$0.0231 \times 12.6 \times 1.00 = 0.291$

有时在运算中为了避免修约数字间的累计，给最终结果带来误差，也可先运算后修约或修约时多保留一位数进行运算，最后再修约掉。

六、基础化学实验常用仪器及应用范围

基础化学实验常用仪器及应用范围见表1-2。

表1-2　常用仪器及应用范围

名称	规格	应用范围	注意事项
试管　离心试管　试管架	分硬质试管、软质试管、普通试管、离心试管几种　普通试管以（管口外径×长度）/mm 表示，离心试管以其容积/mL 表示	用作少量试液的反应容器，便于操作和观察　离心试管还可用于定性分析中的沉淀分离	①加热后不能骤冷，以防试管破裂　②盛试液不超过试管的 1/3～1/2　③加热时用试管夹夹持，管口不要对人，且要求不断摇动试管，使其受热均匀　④小试管一般用水浴加热

名称	规格	应用范围	注意事项
烧杯	以容积表示。如 1000mL，600mL，400mL，250mL，100mL，50mL，25mL	反应容器 反应物较多时用，亦可溶解样品、配制溶液等	①可以加热至高温。使用时应注意勿使温度变化过于剧烈 ②加热时底部垫石棉网，使其受热均匀，一般不可烧干
锥形瓶(三角烧瓶)	以容积表示。如 500mL，250mL，100mL，50mL	反应容器 摇荡比较方便，适用于滴定操作	①可以加热。使用时应注意勿使温度变化过于剧烈 ②加热时底部垫石棉网，使其受热均匀 ③磨口三角瓶加热时要打开塞
碘量瓶	以容积表示。如 250mL，100mL，50mL	用于碘量法或其它生成挥发性物质的定量分析	①塞子及瓶口边缘的磨砂部分注意勿擦伤，以免产生漏隙 ②滴定时打开塞子，用蒸馏水将瓶口及塞子上的碘液洗入瓶中
烧瓶	有平底和圆底之分，以容积表示。如 500mL，250mL，100mL，50mL	反应容器 反应物较多，且需要长时间加热时用	①可以加热。使用时应注意勿使温度变化过于剧烈 ②加热时底部垫石棉网或用各种加热套加热，使其受热均匀
蒸馏烧瓶　克氏蒸馏烧瓶	以容积/mL 表示	可用于液体蒸馏，也可用于制取少量气体，克氏蒸馏烧瓶最常用于减压蒸馏实验	加热时应放在石棉网上

名称	规格	应用范围	注意事项
量筒　量杯	以所能量度的最大容积表示 量筒：如 250mL，100mL，50mL，25mL，10mL 量杯：如 100mL，50mL，20mL，10mL	用于液体体积计量	① 不能加热 ② 沿壁加入或倒出溶液
容量瓶	以容积表示。如：1000mL，500mL，250mL，100mL，50mL，25mL	配制准确体积的标准溶液或被测溶液	①不能加热 ②不能在其中溶解固体 ③漏水的不能用 ④非标准的磨口塞要保持原配
(a) (b) 滴定管架 (a) 碱式滴定管　(b) 酸式滴定管	滴定管分碱式滴定管(a)和酸式滴定管(b)两种,颜色有无色和棕色。以容积表示,如:50mL,25mL	滴定管用于滴定操作或精确量取一定体积的溶液 滴定管架用于夹持滴定管	①碱式滴定管盛碱性溶液,酸式滴定管盛酸性溶液,二者不能混用 ②碱式滴定管不能盛氧化剂 ③见光易分解的滴定液宜用棕色滴定管 ④酸式滴定管活塞应用橡皮筋固定,防止滑出摔碎 ⑤活塞要原配,漏水的不能使用
(a) 吸量管　(b) 移液管	以所量取的最大容积表示 吸量管:如 10mL,5mL,2mL,1mL 移液管:如 50mL,25mL,10mL,5mL,2mL,1mL	用于精确量取一定体积的液体	不能加热

名称	规格	应用范围	注意事项
滴管	由尖嘴玻璃管与橡皮乳头构成	①吸取或滴加少量(数滴或1~2mL)液体 ②吸取沉淀的上层清液以分离沉淀	①滴加时,保持垂直,避免倾斜,尤忌倒立 ②管尖不可接触其它物体,以免沾污试剂
(a)矮形 (b)高形 称量瓶	分矮形(a)、高形(b),以外径×高表示。如高形 25mm×40mm,矮形 50mm×30mm	要求准确称取一定量的固体样品时,矮形用作测定水分或在烘箱中烘干基准物;高形用于称量基准物、样品	①不能直接用火加热 ②盖与瓶配套,不能互换 ③不可盖紧磨口塞烘烤
(a)广口 (b)细口 试剂瓶	材料:玻璃或塑料。规格:分广口(a)、细口(b)。无色、棕色。以容积表示。如:1000mL,500mL,250mL,125mL	广口瓶盛放固体试剂,细口瓶盛放液体试剂。棕色瓶用于存放见光易分解的试剂	①不能加热 ②取用试剂时,瓶盖应倒放在桌上 ③盛碱性物质要用橡皮塞或塑料瓶 ④不能在瓶内配制在操作过程中放出大量热量的溶液
滴瓶	有无色、棕色之分。以容积表示。如125mL,60mL	盛放每次使用只需数滴的液体试剂	①见光易分解的试剂要用棕色瓶盛放 ②碱性试剂要用带橡皮塞的滴瓶盛放 ③其它使用注意事项同滴管 ④使用时切忌张冠李戴
长颈漏斗　漏斗	以口径和漏斗颈长短表示。如 6cm 长颈漏斗、4cm 短颈漏斗	长颈漏斗用于定量分析,过滤沉淀,短颈漏斗用作一般过滤	不能用火直接加热

名称	规格	应用范围	注意事项
分液漏斗　滴液漏斗	以容积和漏斗的形状(筒形、球形、梨形)表示。如 100mL 球形分液漏斗、60mL 筒形滴液漏斗	①往反应体系中滴加较多的液体 ②分液漏斗用于互不相溶的液-液分离	活塞应用细绳系于漏斗颈上,或套以小橡皮圈,防止滑出摔碎
(a) 直形　(b) 空气冷凝管　(c) 球形	以口径表示	直形冷凝管适用于蒸馏物质的沸点在 140℃ 以下 空气冷凝管适用于蒸馏物质的沸点高于 140℃ 球形冷凝管适用于加热回流的实验	
表面皿	以直径表示。如 15cm,12cm,9cm,7cm	盖在蒸发皿或烧杯上以免液体溅出或灰尘落入	不能用火直接加热,直径要略大于所盖容器
研钵	厚料制成。规格:以钵口径表示。如 12cm,9cm	研磨固体物质时用	①不能作反应容器 ②只能研磨,不能敲击 ③不能烘烤
干燥器	以直径表示。如 18cm,15cm,10cm;无色,棕色	①定量分析时,将灼烧过的坩埚置其中冷却 ②存放样品,以免样品吸收水汽	①灼烧过的物体放入干燥器前温度不能过高 ②使用前要检查干燥器内的干燥剂是否失效 ③磨口处涂适量凡士林

名称	规格	应用范围	注意事项
喷灯	材料:铜制和铁制	用于加热	
水浴锅	材料:铜制和铝制。水浴锅上的圆圈适于放置不同规格的器皿	用于要求受热均匀而温度不超过100℃的物体的加热	①注意不要把水浴锅烧干 ②严禁把水浴锅作砂浴盘使用
泥三角	材料:瓷管和铁丝。有大小之分	用于承放加热的坩埚和小蒸发皿	①灼烧的泥三角不要滴上冷水,以免瓷管破裂 ②选择泥三角时,要使搁在上面的坩埚所露出的上部,不超过本身高度的1/3
石棉网	材料:铁丝、石棉。以铁丝网边长表示。如15cm×15cm,20cm×20cm	加热玻璃反应容器时垫在容器的底部,能使加热均匀	不要与水接触,以免铁丝锈蚀、石棉脱落
双顶丝	材料:铁或铜制	用来把万能夹或烧瓶夹固定在铁架台的垂直圆铁杆上	

名称	规格	应用范围	注意事项
烧瓶夹	材料:铁或铜制	用于夹住烧瓶的瓶颈或冷凝管等玻璃仪器	头部套有耐热橡皮管以免夹碎玻璃仪器
烧杯夹	材料:镀镍铬的钢制品,头部绕石棉网	用于夹取热烧杯	
坩埚钳	材料:铁或铜合金,表面常镀镍、铬	夹持坩埚和坩埚盖	①不要和化学药品接触,以免腐蚀 ②放置时,应令其头部朝上,以免沾污 ③夹持高温坩埚时,钳尖需预热
试管夹	材料:竹制、钢丝制	用于夹拿试管	防止烧损(竹质)或锈蚀
移液管架	材料:硬木或塑料	用于放置各种规格的移液管及吸量管	

名称	规格	应用范围	注意事项
比色管架	材料:木制	用于放置比色管	
铁架台、铁环	材料:铁制品	用于固定放置反应容器。铁环上可放置石棉网,可用于放被加热的烧杯等容器	
三脚架	材料:铁制品	放置较大或较重的加热容器	
试管刷	以大小和用途表示。如试管刷、烧杯刷	洗涤试管及其它仪器	洗涤试管时,要把前部的毛捏住放入试管,以免铁丝顶端将试管底戳破
药匙	材料:牛角或塑料	取固体试剂时用	①取少量固体时用小的一端 ②药匙大小的选择,应以盛取试剂后能放进容器口内为宜

名称	规格	应用范围	注意事项
点滴板	材料:白色瓷板 规格:按凹穴数目分十六、九穴、六穴等	用于点滴反应,一般不需分离的沉淀反应,尤其是显色反应	①不能加热 ②不能用于含氢氟酸和浓碱溶液的反应
蒸发皿	材料:瓷质 规格:分有柄、无柄,以容积表示。如:150mL,100mL,50mL	用于蒸发浓缩	可耐高温,能直接用火加热,高温时不能骤冷
坩埚	材料:分瓷、石英、铁、银、镍、铂等 规格:以容积表示,如50mL,40mL,30mL	用于灼烧固体	①灼烧时放在泥三角上,直接用火加热,不需用石棉网 ②取下的灼热坩埚不能直接放在桌上,要放在石棉网上 ③灼热的坩埚不能骤冷
布氏漏斗	材料:瓷质	用于减压过滤	

七、基础化学实验基本操作

(一) 玻璃仪器的洗涤

化学实验经常使用各种玻璃仪器,实验结果是否准确与实验仪器的洁净与否有直接的关系,要想得到理想、准确的实验结果,必须保证实验仪器洗涤干净。

1. 洁净剂及使用范围

最常用的洁净剂是肥皂、肥皂液(特制商品)、洗衣粉、去污粉、洗液、有机溶剂等。

肥皂、肥皂液、洗衣粉、去污粉用于可以用刷子直接刷洗的仪器，如烧杯、三角瓶、试剂瓶等；洗液多用于不便用刷子洗刷的仪器，如滴定管、移液管、容量瓶、蒸馏器等特殊形状的仪器，也用于洗涤长久不用的杯皿器具和刷子刷不下的结垢。用洗液洗涤仪器，是利用洗液本身与污物起化学作用而将污物去除。因此需要浸泡一定的时间充分作用。有机溶剂是针对污物的油脂性，借助有机溶剂能溶解油脂的作用洗除之，或借助某些有机溶剂能与水混合而又挥发快的特殊性，利用溶剂的挥发性以快速干燥仪器。如，甲苯、二甲苯、汽油等可以洗油垢，酒精、乙醚、丙酮可以冲洗刚洗净而带水的仪器。

2. 洗涤液的制备及使用注意事项

洗涤液简称洗液，根据不同的要求进行配制。现将较常用的几种介绍如下。

(1) 强酸氧化剂洗液

强酸氧化剂洗液是用重铬酸钾（$K_2Cr_2O_7$）和浓硫酸（H_2SO_4）配成。$K_2Cr_2O_7$ 在酸性溶液中，有很强的氧化能力，对玻璃仪器又极少有腐蚀作用，所以这种洗液在实验室内使用最广泛。

配制浓度各有不同，从 5%～12% 的各种浓度都有。配制方法基本相同：取一定量的 $K_2Cr_2O_7$（工业品即可），先用约 1～2 倍的水加热溶解，稍冷后，将工业品浓 H_2SO_4 所需体积数徐徐加入 $K_2Cr_2O_7$ 溶液中（千万不能将水或溶液加入到 H_2SO_4 中），边倒边用玻璃棒搅拌，并注意不要溅出，混合均匀，待冷却后，装入洗液瓶备用。新配制的洗液为红褐色，氧化能力很强。当洗液用久后变为黑绿色，即说明洗液无氧化洗涤能力。

例如，配制 12% 的洗液 500mL。取 60g 工业品 $K_2Cr_2O_7$ 置于 100mL 水中（加水量不是固定不变的，以能溶解为度），加热溶解，冷却，徐徐加入浓 H_2SO_4 340mL，边加边搅拌，冷却后装瓶备用。

这种洗液在使用时要切实注意不能溅到身上，以防"烧"坏衣服和损伤皮肤。洗液倒入要洗的仪器中，应使仪器周壁全浸洗后稍停一会再倒回洗液瓶。第一次用少量水冲洗刚浸洗过的仪器后，废水不要倒在水池里和下水道里，否则会腐蚀水池和下水道，应倒在废液桶中。

(2) 碱性洗液

碱性洗液用于洗涤有油污的仪器，用此洗液是采用长时间（24h 以上）浸泡法，或者浸煮法。从碱性洗液中捞取仪器时，要戴乳胶手套，以免烧伤皮肤。

常用的碱性洗液有：碳酸钠溶液（Na_2CO_3，纯碱）、碳酸氢钠溶液（$NaHCO_3$，小苏打）、磷酸钠溶液（Na_3PO_4，磷酸三钠）、磷酸氢二钠溶液（Na_2HPO_4）等。

(3) 碱性高锰酸钾洗液

用碱性高锰酸钾作洗液，作用缓慢，适合用于洗涤有油污的器皿。配法：取高锰酸钾（$KMnO_4$）4g 加少量水溶解后，再加入 10% 氢氧化钠（$NaOH$）100mL。

(4) 纯酸、纯碱洗液

根据器皿污垢的性质，直接用浓盐酸（HCl）或浓硫酸（H_2SO_4）、浓硝酸（HNO_3）浸泡或浸煮器皿（温度不宜太高，否则浓酸挥发刺激人）。纯碱洗液多采用 10% 以上的浓烧碱（$NaOH$）、氢氧化钾（KOH）或碳酸钠（Na_2CO_3）浸泡或浸煮器皿（可以煮沸）。

(5) 有机溶剂

带有脂肪性污物的器皿，可以用汽油、甲苯、二甲苯、丙酮、酒精、三氯甲烷、乙醚等有机溶剂擦洗或浸泡。但用有机溶剂作为洗液浪费较大，能用刷子洗刷的大件仪器尽量采用碱性洗液。只有无法使用刷子的小件或特殊形状的仪器才使用有机溶剂洗涤，如活塞内孔、移液管尖头、滴定管尖头、滴定管活塞孔和其它精密仪器等。

（6）洗消液

检验致癌性化学物质的器皿，为了防止对人体的侵害，在洗刷之前应使用对这些致癌性物质有破坏分解作用的洗消液进行浸泡，然后再进行洗涤。

在食品检验中经常使用的洗消液有：1%或5%次氯酸钠（NaClO）溶液、20% HNO_3 和2% $KMnO_4$ 溶液。

1%或5% NaClO 溶液对黄曲霉素有破坏作用。用1% NaClO 溶液对污染的玻璃仪器浸泡半天或用5% NaClO 溶液浸泡片刻后，即可达到破坏黄曲霉素的作用。配法：取漂白粉100g，加水500mL，搅拌均匀，另将工业用 Na_2CO_3 80g 溶于温水500mL 中，再将两液混合，搅拌，澄清后过滤，此滤液含 NaClO 为2.5%；若用漂粉精配制，则 Na_2CO_3 的质量应加倍，所得溶液浓度约为5%。如需要1% NaClO 溶液，可将上述溶液按比例进行稀释。

20% HNO_3 溶液和2% $KMnO_4$ 溶液对苯并［a］芘有破坏作用，被苯并［a］芘污染的玻璃仪器可用20% HNO_3 浸泡24h，取出后用自来水冲去残存酸液，再进行洗涤。被苯并［a］芘污染的乳胶手套及微量注射器等可用2% $KMnO_4$ 溶液浸泡2h 后，再进行洗涤。

3. 洗涤玻璃仪器的步骤与要求

① 常法洗涤仪器。洗刷仪器时，应首先将手用肥皂洗净，免得手上的油污附在仪器上，增加洗刷的困难。如仪器长久存放附有尘灰，先用清水冲去，再按要求选用洁净剂洗刷或洗涤。如用去污粉，将刷子蘸上少量去污粉，将仪器内外全刷一遍，再边用水冲边刷洗至肉眼看不见有去污粉时，用自来水洗3～6次，再用少量蒸馏水洗三次以上。用蒸馏水冲洗时，要用顺壁冲洗方法并充分振荡，经蒸馏水冲洗后的仪器，用指示剂检查应为中性。

② 作痕量金属分析的玻璃仪器，使用1∶1～1∶9 HNO_3 溶液浸泡，然后进行常法洗涤。

③ 进行荧光分析时，玻璃仪器应避免使用洗衣粉洗涤。因洗衣粉中含有荧光增白剂会给分析结果带来误差。

④ 分析致癌物质时，应选用适当洗消液浸泡，然后再按常法洗涤。

4. 仪器洗净的要求

仪器的内外壁不应附着油污或不溶物，可以被水完全润湿，器壁上留有一层薄而均匀的水膜，而不挂水珠，也不成股流下。洗净的仪器再用少量蒸馏水冲洗2～3次。

（二）干燥

干燥的方法有多种，烘干、烤干、晾干、吹干和干燥剂法等不同的方法，可用于仪器干燥和样品干燥。

（1）烘干

① 将洗净的仪器放在电烘箱（图1-1）内烘干（控制温度在105℃左右恒温加热30min）。

图 1-1　电烘箱

图 1-2　烤干试管

② 仪器口朝下放时，要在烘箱底层放一搪瓷盘，防止水滴下与电炉丝接触而损坏烘箱。

③ 带有刻度的仪器不能用加热法进行干燥，否则会影响仪器精密度。

（2）烤干

① 常用的可加热耐高温仪器如烧杯、蒸发皿等可置于石棉网上用小火烤干（应先揩干其外壁）。

② 烤干试管时，管口应低于试管底部略向下倾斜（图 1-2），以免水珠倒流炸裂试管。加热时火焰不要集中于一个部位，应从底部开始，缓慢移至管口，如此反复至无水珠，再将管口向上赶净水汽。

（3）晾干

不急用的仪器洗净后倒置在干燥洁净的干燥板上，任其自然干燥。

（4）吹干

吹干法常用于带有刻度计量仪器的干燥。在吹干前先用乙醇、丙酮或乙醚等有机溶剂润湿内壁，以加快仪器干燥速度（图 1-3）。

（5）干燥器干燥

① 干燥器（图 1-4）常用于防止烘好的样品重新吸水，还可用于不适宜加热干燥的样品干燥。

② 普通干燥器底部放有干燥剂，干燥剂种类很多，常用硅胶、无水氯化钙等。无水硅胶呈蓝色，吸水后显红色即失效。但将其置于烘箱内烘干，硅胶变为蓝色后可重新使用。

图 1-3　吹干法　　　　图 1-4　干燥器

图 1-5　打开干燥器

③ 干燥器操作：左手扶住干燥器底部，右手沿水平方向移动盖子，即可将干燥器打开（图 1-5）。打开后，应将盖子翻着放置，勿使涂有凡士林的磨口边触及桌面。放入或取出物品后，须将盖子沿水平方向推移盖好，使盖子的磨口边与干燥器相吻合。

易燃、易爆或受热后其成分易发生变化的有机物常采用真空干燥。

（三）试剂及其取用方法

1. 化学试剂的分类

化学试剂品种繁多，其分类方法目前国际上尚未统一标准。

（1）仅按用途分类

① 标准试剂（BZ）　按照国际规范和技术要求，已明确作为分析仲裁的标准物质。

② 生化试剂（SH）　用于生物化学检验和生物化学合成。

③ 电子试剂（DZ）　一般指电子资讯产业使用的化学品及材料，主要包括集成电路和分立器件用化学品、印制电路板配套用化学品、表面组装用化学品和显示器件用化学品等。

④ 实验试剂（SY）　按照"主含量"来确定的"合成用试剂"。实验试剂是在化学实验中用来合成制备、分离纯化、能够满足合成工艺要求的普通试剂。

（2）按"用途—化学组成"分类

国外许多试剂公司，如德国伊默克（E. Merck）公司，瑞士佛鲁卡（Fluka）公司，日本关东化学公司和我国的试剂经营目录，都采用这种分类方法。

我国1981年编制的化学试剂经营目录，将8500多种试剂分为十大类，每类下面又分若干亚类。

① 无机分析试剂（inorganic analytical reagents）　用于化学分析的无机化学品，如金属、非金属单质、氧化物、碱、酸、盐等试剂。

② 有机分类试剂（organic analytical reagents）　用于化学分析的有机化学品。如烃、醛、酮、醚及其衍生物等试剂。

③ 特效试剂（specific reagents）　在无机分析中测定、分立、富集元素时所专用的一些有机试剂，如沉淀剂、显色剂、螯合剂等。这类试剂灵敏度高，选择性强。

④ 基准试剂（primary standards）　主要用于标定标准溶液的浓度。这类试剂的特点是纯度高，杂质少，稳定性好，化学组成恒定。

⑤ 标准物质（standard substance）　用于化学分析、仪器分析时作对比的化学标准品，或用于校准仪器的化学品。

⑥ 指示剂和试纸（indicators and test papers）　用于滴定分析中指示滴定终点，或用于检验气体或溶液中某些存在的试剂。浸过指示剂或试剂溶液的纸条即是试纸。

⑦ 仪器分析试剂（instrumental analytical reagents）　用于仪器分析的试剂。

⑧ 生化试剂（biochemical reagents）　用于生命科学研究的试剂。

⑨ 高纯物质（high purity material）　用作某些特殊工业需要的材料（如电子工业原料、单晶、光导纤维）和一些痕量分析用试剂。其纯度一般在4个"9"（99.99%）以上，杂质控制在百万分之一甚至十亿分之一。

⑩ 液晶（liquid crystal）　液晶是液态晶体的简称，它既有流动性、表面张力等液体的特征，又具有光学各向异性、双折射等固态晶体的特征。

（3）按"用途—学科"分类

1981年，中国化学试剂学会提供试剂用途和学科分类，将试剂分为八大类和若干亚类。

① 通用试剂分一般无机试剂、一般有机试剂、教学用试剂等 8 亚类。

② 高纯试剂。

③ 分析试剂分基准及标准试剂、无机分析用灵敏试剂、有机分析用特殊试剂等 11 亚类。

④ 仪器分析专用试剂分色谱试剂、核磁共振仪用试剂、紫外及红外光谱试剂等 7 亚类。

⑤ 有机合成研究用试剂分基本有机反应试剂、保护基团试剂、相转移催化剂等 8 亚类。

⑥ 临床诊断试剂分一般试剂、生化检验用试剂、放射免疫检验用试剂等 7 亚类。

⑦ 生化试剂分生物碱、氨基酸及其衍生物等 13 亚类。

⑧ 新型基础材料和精细化学品分电子工业用化学品、光学工业用化学品、医药工业用化学品等 7 亚类。

此外，还可按试剂储存要求分为容易变质试剂、化学危险性试剂和一般保管试剂。

（4）按杂质含量的多少分类

一级试剂为优质纯试剂，通常用 GR 表示。

二级试剂为分析纯试剂，通常用 AR 表示。

三级试剂为化学纯试剂，通常用 CP 表示。

四级试剂为实验或工业试剂，通常用 LR 表示。

2. 化学试剂的保管

化学试剂的保管具有很强的科学性、技术性，工作涉及面广。保管不当很容易发生意外事故，保管化学药品要做到如下几个方面。

（1）防挥发

① 油封：氨水、浓盐酸、浓硝酸等易挥发无机液体，在液面上滴 10～20 滴矿物油（不可用植物油），可以防止挥发。

② 水封：二硫化碳中加 5mL 水，便可长期保存。汞上加水，可防汞蒸气进入空气。汞旁放些硫粉，一旦溅落，散布硫粉使遗汞消灭于化学反应中。

③ 蜡封：乙醚、乙醇、甲酸等比水轻的或易溶性挥发液体，以及萘、碘等易挥发固体，紧密瓶塞，瓶口涂蜡。溴除进行原瓶蜡封外，应将原瓶置于具有活性炭的塑料筒内，筒口进行蜡封。

（2）防潮

① 漂白粉、过氧化钠应进行蜡封，防止吸水分解或吸水爆炸。氢氧化钠易吸水潮解，应进行蜡封；硝酸铵、硫酸钠易吸水结块倒不出来，甚至导致试剂瓶破裂，也应严密蜡封。

② 碳化钙、无水硫酸铜、五氧化二磷、硅胶极易吸水变质，红磷易被氧化，然后吸水生成偏磷酸，以上各物均应存放在干燥器中。

③ 浓硫酸虽应密闭，防止吸水，但因常用，故宜放于磨口瓶中，磨口瓶塞应该原配，切勿对调。

④ "特殊药品"的地下室，下层布灰块，中层布熟石灰，上层布双层柏油纸，方可存放药物。

（3）防变质

① 防氧化：亚硫酸钠、硫酸亚铁、硫代硫酸钠均易被氧化，瓶口应涂蜡。

② 防碳酸化：硅酸钠、过氧化钠、苛性碱均易吸收二氧化碳，应涂蜡。

③ 防风化：晶体碳酸钠、晶体硫酸铜应进行蜡封，存放在地下室中。

④ 防分解：碳酸氢铵、浓硝酸受热易分解，涂蜡后，存放在地下室中。

⑤ 活性炭能吸附多种气体而变质（木炭亦同），应放在干燥器中。

⑥ 黄磷遇空气易自燃，永远保存于水中，每15天查水一次；磷试剂瓶中加水、置于有水水槽中，上加钟罩封闭。

⑦ 钾、钠保存在焊油中。

⑧ 硫酸亚铁溶液中滴几滴稀硫酸，加入过量细铁粉，进行蜡封。

⑨ 葡萄糖溶液容易霉变，稍加几滴甲醛即可保存。

⑩ 甲醛易聚合，开瓶后应立即加少量甲醇；乙醛则加乙醇。

（4）防光

① 硝酸银、浓硝酸及大部分有机药品应放在棕色瓶中。

② 硝酸盐存放在地下室中既防热，又防光、防火，还能防震。

③ 有机试剂橱窗一律用黑漆涂染。

④ 实验室用有色布窗帘，内红外黑双层。

（5）防毒害

① 磷、硝酸银、氯酸钾、氯化汞等剧毒物放地下室内，双人双锁，建立档案，呈批取用，使用记载，定期检查。

② 磷化钙、磷化铝吸水后放出剧毒性磷化氢，应放在干燥器中保存，贴上红色标签。

③ 浓酸、浓碱、溴、酚等腐蚀的药物，使用红色标签，以示警戒。

3. 试剂的取用规则

（1）固体试剂的取用

① 用干净的药匙取用固体试剂，取出后立刻盖好瓶塞。

② 称量固体试剂时，多余的药品不能倒回原瓶，可放入指定回收容器中，以免将杂质混入原装瓶中。固体试剂的取法见图 1-6。

(a) 用药匙(容器要干燥)　　　　　　　　　　　(b) 用纸槽

图 1-6　固体试剂的取法

③ 用台秤称取物体时，可用称量纸或表面皿（不能用滤纸）。具有腐蚀性、强氧化性或易潮解的固体应用烧杯或表面皿称量。

台秤（粗天平）（图 1-7）能称准至 0.1g，使用时操作步骤如下。

a. 零点调整：使用天平前需将游码置于游码标尺的零处，检查指针是否停在刻度盘的中间位置，如指针不在中间位置，可调节平衡调节螺母。

b. 称重：被称物体不能直接放在天平盘上称重，应根据情况将称量物体放在称量纸上或表面皿上。潮湿或具有腐蚀性的药品应放在玻璃容器内称重。天平不能称热的物体。

称量时，左盘放被称量物体，右盘放砝码。增加砝码时用镊子按从大到小的顺序添加，5g以内可移动游码，直至指针不摆动且指向刻度盘正中刻度时，砝码的质量加上游码所示的质量，就是称量物体的质量。

c. 称量完毕，应将砝码放回盒内，游码移至游标刻度尺"0"处，托盘叠放在一侧，以免天平摇动。

（2）液体试剂的取用

取用液体试剂具体方法有：滴加法（图1-8）、倾注法（图1-9）、用量筒量取（图1-10）。

① 从滴瓶中取用试剂时，滴管不能触及所用容器器壁（图1-8），以免沾污，滴管要专管专用，且不能倒置。

图1-7　粗天平（台秤）

图1-8　滴加法

② 量取液体体积不要求十分准确时，可利用滴管滴数估计体积。

③ 取用细口瓶中的液体试剂时，瓶签面向手心，试剂应沿着洁净的容器壁或玻璃棒流入容器（图1-9）。

④ 量取液体时，视线与所量取溶液体积的刻度线应和溶液弯月面最低处保持水平，偏高或偏低都会造成误差（图1-10）。

图1-9　倾注法

图1-10　用量筒量取

（四）溶液及其配制

按照溶液浓度的准确程度，浓度较粗略的称为非标准溶液，而浓度较准确的，一般为四位有效数字，称为标准溶液。

1. 非标准溶液

非标准溶液常用以下三种方法配制。

（1）直接水溶法

对一些易溶于水而不易水解的固体试剂，如 KNO_3、KCl、$NaCl$ 等，先算出所需固体试剂的量，用台秤或分析天平称出所需量，放入烧杯中，以少量蒸馏水搅拌使其溶解后，再稀释至所需的体积。若试剂溶解时有放热现象，或以加热促使其溶解的，应待其冷却后，再移至试剂瓶或容量瓶，贴上标签备用。

（2）介质水溶法

对易水解的固体试剂如 $FeCl_3$、$SbCl_3$、$BiCl_3$ 等。配制其溶液时，称取一定量的固体，加入适量的酸（或碱）使之溶解。再以蒸馏水稀释至所需体积，摇匀后转入试剂瓶。在水中溶解度较小的固体试剂如固体 I_2，可选用 KI 水溶液溶解，摇匀转入试剂瓶。

（3）稀释法

对于液态试剂，如盐酸、硫酸等。配制其稀溶液时，用量筒量取所需浓溶液的量，再用适量的蒸馏水稀释。配制硫酸溶液时，需特别注意，应在不断搅拌下将浓硫酸缓缓倒入盛水的容器中，切不可颠倒操作顺序。

易发生氧化还原反应的溶液（如 Sn^{2+}、Fe^{2+} 溶液），为防止其在保存期间失效，应分别在溶液中放入一些 Sn 粒和 Fe 粉。

见光容易分解的要注意避光保存，如 $AgNO_3$、$KMnO_4$、KI 等溶液应贮于棕色容器中。

2. 标准物质

标准物质（reference material，RM）的定义表述为：已确定其一种或几种特性，用于校准测量器具、评价测量方法或确定材料特性量值的物质。目前，中国的化学试剂中只有滴定分析基准试剂和 pH 基准试剂属于标准物质。滴定分析中常用的工作基准试剂见表 1-3。基准试剂可用于直接配制标准溶液或用于标定溶液浓度。标准物质的种类很多，实验中还会使用一些非试剂类的标准物质，如纯金属、药物、合金等。

表 1-3 滴定分析中常用的工作基准试剂

试剂名称	主要用途	用前干燥方法	国家标准编号
氯化钠	标定 $AgNO_3$ 溶液	500～550℃灼烧至恒重	GB 1253—2007
草酸钠	标定 $KMnO_4$ 溶液	(105±5)℃干燥至恒重	GB 1254—2007
无水碳酸钠	标定 HCl、H_2SO_4 溶液	270～300℃干燥至恒重	GB 1255—2007
乙二胺四乙酸二钠	标定金属离子溶液	硝酸镁饱和溶液恒湿器中放置 7d	GB 12593—2007
邻苯二甲酸氢钾	标定 NaOH 溶液	105～110℃干燥至恒重	GB 1257—2007
碘酸钾	标定 $Na_2S_2O_3$ 溶液	(180±2)℃干燥至恒重	GB 1258—2008
重铬酸钾	标定 $Na_2S_2O_3$、$FeSO_4$ 溶液	(120±2)℃干燥至恒重	GB 1259—2007
溴酸钾	标定 $Na_2S_2O_3$ 溶液	(180±2)℃干燥至恒重	GB 12594—2008
碳酸钙	标定 EDTA 溶液	(110±2)℃干燥至恒重	GB 12596—2008
氧化锌	标定 EDTA 溶液	800℃灼烧至恒重	GB 1260—2008
硝酸银	标定卤化物溶液	H_2SO_4 干燥器中干燥至恒重	GB 12595—2008
三氧化二砷	标定 I_2 溶液	H_2SO_4 干燥器中干燥至恒重	GB 1256—2008

3. 标准溶液

标准溶液是已确定其主体物质浓度或其它特性量值的溶液。化学实验中常用的标准溶液有滴定分析用标准溶液、仪器分析用标准溶液和 pH 测量用标准缓冲溶液。

（1）由基准试剂或标准物质直接配制

用分析天平或电子天平准确称取一定量的基准试剂或标准物质，溶于适量的水中，再定量转移到容量瓶中，用水稀释至刻度。根据称取的质量和容量瓶的体积，计算它的准确浓度。

（2）标定法

很多试剂不宜用直接法配制标准溶液，而要用间接的方法，即标定法。先配制出近似所需浓度的溶液，再用基准试剂或已知浓度的标准溶液标定其准确浓度。

（3）稀释法

用移液管或滴定管准确量取一定体积的浓标准溶液，放入适当的容量瓶中，用溶剂稀释到刻度，得到所需浓度较低的标准溶液。

6 种 pH 基准试剂见表 1-4。

表 1-4　pH 基准试剂

试剂	规定浓度 /mol·kg^{-1}	标准值（25℃）	
		一级 pH 基准试剂	pH 基准试剂
		pH(S)$_I$	pH(S)$_{II}$
四草酸钾	0.05	1.680±0.005	1.68±0.01
酒石酸氢钾	饱和	3.559±0.005	3.56±0.01
邻苯二甲酸氢钾	0.05	4.003±0.005	4.00±0.01
磷酸氢二钠、磷酸二氢钾	0.025	6.864±0.005	6.86±0.01
四硼酸钠	0.01	9.182±0.005	9.18±0.01
氢氧化钙	饱和	12.460±0.005	12.46±0.01

4. 缓冲溶液

许多化学反应要在一定的 pH 条件下进行。缓冲溶液就是一种能抵御少量强酸、强碱和水的稀释而保持体系 pH 基本不变的溶液。

常用缓冲溶液的组成及配制方法见附录 7。

（五）加热方法

实验室加热常用酒精灯、电炉、电热套、电烘箱、马弗炉等加热用具。

（1）酒精灯

酒精灯适用于所需温度不太高的实验，使用时注意不能用另一个燃着的酒精灯点燃，以免着火。熄灭时用灯罩盖灭，切勿用嘴吹灭。

（2）电炉和电热套

电热套（图 1-11）和电炉（图 1-12）可代替酒精灯进行加热操作。使用电炉时加热容器和电炉之间要隔以石棉网，以保证物体受热均匀。

（3）马弗炉

马弗炉最高温度可达 900～1200℃，常用于固体物质的灼烧或高温条件下无机化合物的制备（图 1-13）。

图1-11 电热套

图1-12 电炉

图1-13 马弗炉

(六) 加热操作

① 用试管加热液体时,注意试管口不能朝向人体,管内溶液体积不能超过试管高度的1/3。加热时,应注意使液体各部分受热均匀,先加热液体的中上部,再慢慢下移并不断振荡管内液体。

② 在试管中加热固体时,注意管口应略向下倾,以防管口冷凝的水珠倒流造成试管炸裂。

③ 加热烧杯或烧瓶时,所盛溶液体积不得超过烧杯容量的1/2和烧瓶容量的1/3。加热时,注意搅拌液体,以防暴沸。

④ 当被加热物体要求受热均匀且温度不超过100℃时,采用水浴加热(水浴锅内盛水量不得超过容积的2/3),通过水传导热来加热器皿内液体。

⑤ 用油代替水加热被称为油浴。甘油浴,常用于150℃以下的加热。液体石蜡浴,用于200℃以下的加热。硅油浴,用于300℃以下的加热。棉籽油浴,常用于323℃以下的加热。

⑥ 将浴器内放置细砂,被加热器皿的下部埋于细砂中的加热方法称为砂浴(图1-14),用于400℃以下的加热。

图1-14 砂浴加热

⑦ 在高温下,加热固体使之脱水或除去挥发物、烧去有机物等的操作称为灼烧。常用坩埚或蒸发皿。灼烧不需要石棉网,可直接置于火上操作。烧毕,取坩埚时,坩埚钳需预热。取下的坩埚应置于石棉网上,坩埚钳用后,注意将尖端朝上放置以保证洁净。

(七) 固体的溶解、蒸发与结晶

(1) 固体的溶解

选定某一溶剂溶解固体样品时,若固体颗粒较小,可直接溶解,若固体颗粒较大,应考虑对大颗粒固体进行粉碎、溶解过程中加热和搅拌等以加速溶解。

① 固体的粉碎 若固体颗粒较大时,在进行溶解前通常用研钵将固体粉碎。在研磨前,应先将研钵洗净擦干,加入不超过研钵总体积1/3的固体,缓慢沿一个方向进行研磨,最好不要在研钵中敲击固体样品。研磨过程中,可将已经研细的部分取出,过筛,较大的颗粒继

续研磨。

② 溶剂的加入 为避免烧杯内溶液由于溅出而损失，加入溶剂时应通过玻璃棒使溶剂慢慢地流入。如溶解时会产生气体，应先加入少量水使固体样品润湿为糊状，用表面皿将烧杯盖好，用滴管将溶剂从烧杯嘴加入，以避免产生的气体将试样带出。

③ 加热 物质的溶解度受温度的影响，加热的目的主要在于加速溶解，应根据被加热物质稳定性的差异选用合适的加热方法。加热时要防止溶液的剧烈沸腾和迸溅，因此容器上方应该用表面皿盖住。溶解完停止加热以后，要用溶剂冲洗表面皿和容器内壁。另外，并不是加热对一切物质的溶解都有利，应该具体情况具体分析。

④ 搅拌 搅拌是加速溶解的一种有效方法，搅拌时手持玻璃棒并转动手腕，使玻璃棒在液体中均匀的转圈，注意转速不要太快，不要使玻璃棒碰到容器器壁发出响声。

（2）蒸发与浓缩

用加热的方法从溶液中除去部分溶剂，从而提高溶液的浓度或使溶质析出的操作叫蒸发。蒸发浓缩一般在水浴中进行，若溶液太稀且该物质对热稳定时，可先放在石棉网上直接加热蒸发，再用水浴蒸发。蒸发速度不仅与温度、溶剂的蒸气压有关，还与被蒸发液体的表面积有关。无机实验中常用的蒸发容器是蒸发皿，它能使被蒸发液体具有较大的表面积，有利于蒸发。使用蒸发皿蒸发液体时，蒸发皿内所盛液体体积不得超过总容量的 2/3，若待蒸发液体较多时，可随着液体的被蒸发而不断添补。随着蒸发过程的进行，溶液浓度增加，蒸发到一定程度后冷却，就可析出晶体。当物质的溶解度较大且随温度的下降而变小时，只要蒸发到溶液出现晶膜即可停止；若物质溶解度随温度变化不大时，为了获得较多的晶体，需要在结晶膜出现后继续蒸发。但是由于晶膜妨碍继续蒸发，应不时地用玻璃棒将晶膜打碎。如果希望得到好的结晶（大晶体）时，则不宜过度浓缩。

（3）结晶与重结晶

当溶液蒸发到一定程度冷却后就有晶体析出，这个过程叫结晶。析出晶体颗粒的大小与外界环境条件有关，若溶液浓度较高，溶质的溶解度较小，快速冷却并加以搅拌（或用玻璃棒摩擦容器器壁），都有利于析出细小晶体。反之，若让溶液慢慢冷却或静置则有利于生成大晶体，特别是加入一小颗晶体（晶种）时更是如此。从纯度来看，快速生成小晶体时由于不易裹入母液及别的杂质而纯度较高，缓慢生长的大晶体纯度较低，但是晶体太小且大小不均匀时，会形成稠厚的糊状物，携带母液过多导致难以洗涤而影响纯度。因此晶体颗粒的大小要适中、均匀才有利于得到高纯度的晶体。

当第一次得到的晶体纯度不合要求时，重新加入尽可能少的溶剂溶解晶体，然后再蒸发、结晶、分离，得到纯度较高的晶体的操作过程叫重结晶，根据需要有时需要多次结晶。

进行重结晶操作时，溶剂的选择非常重要，只有被提纯的物质在所选的溶剂中具有高的溶解度和温度系数，才能使损失减少到最低水平，同时所选的溶剂对于杂质而言，或者是不溶解的，可通过热过滤而除去，或者是很易溶解的，溶液冷却时，杂质保留在母液中。

重结晶操作的一般步骤如下。

① 溶液的制备 根据待重结晶物质的溶解度，加入一定量所选定的溶剂（若溶解度大、温度系数大时，可加入少量某温度下可使固体全溶的溶剂，若溶解度和温度系数均小时，应

多加溶剂），加热使其全溶。这个过程可能较长，不要随意添加溶剂，若需要脱色时，可加入一定量的活性炭。

② 热溶液过滤　若无不溶物此步可以省去，需要热过滤时，应防止在漏斗中结晶。

③ 冷却　为得到较好的晶体，一般情况下应缓慢冷却。

④ 抽滤　将固体和液体分离，选择合适的洗涤剂洗去杂质和溶剂，干燥。

（八）固液分离和沉淀洗涤方法

1. 倾析法

混悬液中沉淀物的密度或结晶的颗粒较大，静置后固液分层，常用倾析法将二者分离（图 1-15）。

图 1-15　倾析法

此法用于沉淀的洗涤时，采用少量洗涤剂加入盛有沉淀的容器中，充分搅拌，静置沉降，倾析。重复操作 2～3 次。

2. 过滤法

（1）常压过滤

根据所用漏斗大小和角度选择并折叠滤纸，以便使两者密合，润湿后无气泡存在。过滤时，先转移溶液，后转移沉淀，每次转移量不得超过滤纸高度的 2/3。如需洗涤沉淀，当上清液转移完毕后，于沉淀中加入少量洗涤剂，搅拌洗涤，静置沉降，过滤转移洗涤液，重复操作 2～3 次，最后将沉淀转移至滤纸上（图 1-16）。

图 1-16　常压过滤

图 1-17　减压过滤

1—抽滤瓶；2—布氏漏斗；3—安全瓶；4—接抽气泵

（2）减压过滤

减压过滤是由于抽气泵抽气造成布氏漏斗内液面与抽滤瓶内的压力差，使过滤速度加快，沉淀物表面干燥（图1-17）。抽滤用滤纸应略小于布氏漏斗的内径，润湿并抽气使二者紧贴，然后过滤。滤毕后先拔下抽气管，再关闭抽气泵以防止倒吸。

浓强酸、强碱或强氧化性溶液过滤时，不能用滤纸。强酸或强氧化性溶液，可用砂芯漏斗过滤。常见规格有1号、2号、3号、4号四种，1号孔径最大。可根据沉淀颗粒不同来选择。

训练减压过滤法，需掌握五个要点：

① 抽滤用的滤纸应比布氏漏斗的内径略小一些，但又能把瓷孔全部覆盖；

② 布氏漏斗端的斜口应该面对（不是背对）抽滤瓶的支管；

③ 将滤纸放入漏斗并用蒸馏水润湿后，慢慢打开水泵，先抽气使滤纸贴紧，然后才能往漏斗内转移溶液；

④ 停止过滤时，应先拔去连接抽滤瓶的橡皮管，后关掉连接水泵的自来水开关；

⑤ 为使沉淀抽得更干，可用塞子或小烧杯底部紧压漏斗内的沉淀物。

（3）热过滤

如果溶液中的溶质在温度下降时容易析出大量结晶，而又不希望在过滤过程中留在滤纸上，这时就要趁热进行过滤。热过滤有普通热过滤和减压热过滤两种。普通热过滤是将普通漏斗放在铜质的热漏斗内，如图1-18所示，铜质热漏斗内装有热水，以维持必要的温度。减压热过滤是先将滤纸放在布氏漏斗内并润湿，再将它放在水浴上以热水或蒸汽加热，然后快速完成过滤操作。

3. 离心分离

试液中沉淀量很少时，可应用离心分离。常用仪器为电动离心机（图1-19），电动离心机是高速旋转的，为避免发生危险，应按要求规范操作。

图1-18 热过滤

图1-19 电动离心机

① 为避免离心管碰破，在离心机套管的底部垫上少许棉花，然后放入离心管。离心管要成对对位放置，且管内液面基本相等。只有一个样品时，应在对位上放一盛有等量水的离心管。

② 启动离心机时，转速要渐渐由慢到快。停止时，也要渐渐由快变慢，最后任其自行停止，再取出离心管。电动离心机的转速要视沉淀的性质而定，结晶形或致密形沉淀，大约1000r·min^{-1}，2min即可。无定形和疏松沉淀，转速应在2000r·min^{-1}以上，经4min即可。如不能分离应设法促其凝聚，然后分离。

八、滴定分析基本操作

（一）吸量管和移液管的使用

① 使用前将吸量管或移液管依次用洗液、自来水、蒸馏水洗涤干净。用滤纸将管下端内外的水吸净，然后用少量被移取液洗涤 3 次，以保证被吸溶液浓度不变。

② 用移液管吸取溶液时，左手拿洗耳球，右手拇指及中指拿住管颈标线以上地方，将移液管尖端插入待取液中，吸至刻度以上，立即用右手的食指按住管口，取出移液管，微微放松食指并轻轻转动移液管，使移液管垂直，使液面缓缓下降至标线相切时，立刻按紧食指，将接受溶液的容器倾斜 45°角，管尖靠在接收器内壁上，等溶液全部流出后，稍等 10～15s，取出移液管。注意不能将留在管口的少量液体吹出，因为移液管校正时不包括此部分残留液（如图 1-20、图 1-21 所示）。

图 1-20　移液管吸取溶液　　　　　　图 1-21　从移液管中放出溶液

③ 吸量管吸取溶液的方法与移液管相似，不同之处在于吸量管能吸取不同体积的液体。用吸量管取溶液时，一般使液面从某一分刻度（一般最高线）落到另一分刻度，使两分刻度之间的体积恰好等于所需体积。

在吸量管上端刻有"吹"字或分刻度一直到口底部者，使用时末端一滴溶液要吹出，其体积才符合刻度标示的数值。另外，刻度有自上而下排列和自下而上排列两种情况，读取刻度时要十分注意。

④ 使用完毕，应将吸管洗净，放在管架上晾干，切勿烘烤。

（二）容量瓶的使用

① 使用前检查是否漏水。方法是：注入自来水至容量瓶标线附近，盖好瓶塞，左手食

指按住瓶塞，右手拿住瓶底将瓶倒立，观察瓶塞周围是否有水渗出。若不漏水，旋转瓶塞180°，再倒置一次，符合要求后再洗涤至不挂水珠，方可使用（图1-22）。

图 1-22 检查容量瓶的方法　　　　　图 1-23 溶液转入容量瓶的操作

② 用固体配制准确浓度的溶液。将准确称量的固体在烧杯中溶解（若溶解热较大需冷却）再转移到容量瓶中，操作方法见图1-23。然后用少量蒸馏水洗涤烧杯3～5次，洗涤液合并于容量瓶中，以确保溶质的定量转移。向容量瓶中加蒸馏水至2/3体积时，摇动容量瓶使之初步混匀（注意不能倒立），当加水接近标线时，可用滴管或洗瓶缓缓滴至溶液弯月面最低处恰好与标线相切。盖紧瓶塞，上下倒转容量瓶多次，使溶液充分混匀。

③ 溶液配好后，应转移到试剂瓶中，容量瓶一般不作试剂瓶用。试剂瓶要先用少量配好的溶液冲洗2～3次，然后全部转入试剂瓶中。

④ 容量瓶用完后，洗净、晾干。在瓶口与玻璃塞之间垫以纸条，以防下次使用时塞子打不开。容量瓶不可用任何方式加热或烘烤。

（三）滴定管的使用

1. 洗涤

一般用自来水冲洗后再用蒸馏水洗涤2～3次即可。若内壁挂有水珠可用洗液浸润后再冲洗。应注意的是，碱式滴定管的橡皮管不能接触洗液，可将橡皮管取下，在NaOH乙醇溶液中浸泡。

2. 检漏

在滴定管（图1-24）中装蒸馏水至零刻度，直立放置2min，观察液面是否下降。碱式滴定管应检查玻璃珠和橡皮管能否灵活控制溶液滴出。若漏水，更换橡皮管或玻璃珠。酸式滴定管检查活塞转动是否灵活，有无水渗出。如无漏水，旋转活塞180°，再观察一次。若漏水需将活塞涂以凡士林。

涂凡士林方法：取出活塞用吸水纸擦干活塞和活塞槽，蘸取少量凡士林涂一薄层于活塞的粗端和活塞槽的细端内壁里（如图1-25所示）。操作中应注意勿将凡士林堵塞活塞孔。若凡士林堵住管尖，可将管尖插入四氯化碳中，使凡士林溶解。

3. 装液

图 1-24　滴定管

（a）酸式滴定管；（b）、（c）碱式滴定管

图 1-25　活塞涂凡士林方法

　　洗净的滴定管，先用待盛的滴定剂润洗 3 次，每次少量，同时让润洗液通过下端活塞口流出，以保证装入滴定管的滴定剂浓度不变。装入滴定剂至零刻度以上，此时滴定管下端常有气泡存在，需排出。可将酸式滴定管直立，迅速打开活塞，让溶液冲下即可排出气泡。碱式滴定管则用左手持乳胶管向上弯曲 45°，用左手拇指和食指挤推稍高于玻璃珠所在处，使溶液从管尖喷出而带出气泡，仍一边挤推乳胶管，一边把乳胶管放直，再松开手指，否则末端仍会有气泡，如图 1-26 所示，调节管内液面在"0.00"刻度附近，备用。

图 1-26　碱式滴定管排出气泡　　　　　　图 1-27　左手转动活塞方法

　　4. 滴定

　　滴定最好在锥形瓶或碘量瓶中进行，必要时可在烧杯中进行。滴定时将滴定管固定在滴定管架上。右手持锥形瓶，左手控制滴定管中液体的流速。酸式滴定管操作方法见图 1-27。左手拇指在管前面，食指和中指在管后面，三个手指拿住活塞柄，手指稍微弯曲，轻轻向内扣住活塞，注意手心空握，不能触及活塞，以免活塞松动或顶出。右手前三指拿住锥形瓶的颈部，让滴定管下端伸入瓶口约 1cm 处（如图 1-28 所示），边滴边摇，向同一方向做圆周运动。注意不要使瓶口碰撞滴定管。滴定速度一般可控制在每秒 3～4 滴，接近终点时，瓶中溶液局部变色，摇动后颜色消失，此时应改为加一滴摇一摇，待需摇 2～3 次后颜色才能消失时，即终点临近，可用洗瓶冲洗锥形瓶内壁，若仍未呈现终点颜色，可控制活塞，使其流

出半滴，即悬而不落，再用洗瓶排出少量蒸馏水将液滴冲下，直到出现终点颜色。为了便于观察终点颜色变化，可在锥形瓶下面衬一白纸或白瓷板。

使用碱式滴定管时，用左手拇指和食指捏住玻璃珠侧上方，小指和无名指控制玻璃尖嘴，如图1-29所示，捏挤橡皮管，使橡皮管与玻璃珠之间形成缝隙，溶液即流出。通过捏力的大小，调节流量，但不宜用力过猛致使玻璃珠在橡皮管内上下移动，以免松开时进入空气。

图1-28　酸式滴定管操作　　　　　　　　图1-29　碱式滴定管操作

5. 读数

读数不准确是滴定误差的主要来源之一。由于溶液的表面张力，滴定管内的液面呈弯月形。无色水溶液弯月面清晰，应读弯月面下缘的最低点，且视线应与之平行。有色溶液应读取弯月面上缘。在同一次滴定中，初读与终读应使用同一种读数方法。

读数时，滴定管应垂直悬空，注入或流出溶液后，需静置1～2min，再读数。为使读数准确，可用一黑或白纸衬在滴定管后面。若使用白底蓝线滴定管应读取弯月面与蓝色尖端的交点。

滴定时，最好是每次均从"0.00"开始，或接近零的任一刻度开始，以消除因滴定管刻度不均带来的误差。实验完毕，弃去滴定管内剩余的溶液，冲洗滴定管，酸式滴定管在活塞槽与活塞之间垫以纸条，然后将滴定管倒置于滴定管架上。

九、电子天平的使用

电子天平是一种新型天平，常见的有直立式与顶载式两种，在分析中常用的是精度为0.1mg的直立式电子天平。

1. 称量原理

为了便于分析，将天平传感器的平衡结构简化为一杠杆，如图1-30所示。

杠杆由支点 O 支撑，左边是秤盘，右边连接线圈及零位指示器。零位指示器置于一固定位置，天平空载时，杠杆始终趋于某一位置，即天平零点。当天平加载物体时，杠杆偏离零点，零点指示器产生偏差信号，通过放大和PID（比例、积分、微分调节）来控制流入线圈的电流 I，使之增大，位于磁场中的通电线圈将产生电磁力 F，由于通电线圈位于恒定磁场中，所以电磁力 F 也相应增大，直到电磁力 F 的大小与加载物体的重量相等，偏差消除，杠杆重新回到天平的零点。即恒定磁场中通过线圈的电流强度 I 与被测物体的质量呈正比，

图 1-30　电子天平称量原理示意图

只要测定流入线圈的电流强度 I，就可知被测物体的质量。

2. 电子天平的构造及使用方法

以上海恒平科学仪器有限公司生产的 FC204 型电子天平为例，简要介绍电子天平的使用方法。

FC204 型电子天平的外形结构如图 1-31 所示。

图 1-31　FC204 型电子天平的外形及控制板

1—天平门；2—天平盘；3—水平调整脚；4—水平泡；5—M 键；

6—C 键；7—1/⏻键；8—显示屏；9—TARE 键

（1）调整水平

观察水平仪，如水平仪水泡偏移，需调整水平调整脚，使水泡位于水平仪中心。

（2）校准

天平安装后，第一次使用前，应对天平进行校准。因存放时间较长、位置移动、环境变化或为获得精确测量，天平在使用前一般都应进行校准操作。其具体方法如下：

① 接通电源将天平预热 30min；

② 从秤盘上取走任何加载物，按"TARE 键"，清零；

③ 待天平稳定后，按"C 键"，显示屏上显示 C 后，轻轻将校准砝码放置秤盘中央，关闭天平门；

④ 当听到"嘟"声后，即显示校准砝码值，然后取出砝码，天平校准完毕。

（3）称量

按"TARE键"，显示为零后，置被称物于秤盘上，待数字稳定后，即可读取所称物品质量。

（4）去皮称量

按"TARE键"清零，置容器于秤盘上，天平显示容器质量，再按"TARE键"，显示为零即去皮重。再置被称物于容器中，或将被称物（粉末状物或液体）逐步加入容器中直至达到所需质量，这时显示的是被称物的净质量。将秤盘上所有物品拿走后，天平显示负值，按"TARE键"，天平显示 0.0000g。

（5）结束工作

称量结束后，按"1/○键"关闭显示器。如果当天不再使用天平，应拔下电源插头。

3. 称量方法

（1）增量法（直接法）

此法常用于称量不易吸水，在空气中稳定的试样。在分析天平容器中用药匙逐渐加入所要称量样品，天平数字显示屏一直处于增大状态，直到目标质量为止。

（2）减量法（差减法）

主要针对的是一些易挥发、易氧化或容易吸收空气中的水或二氧化碳等物质的样品，该样品应放在干燥密闭的器皿中，待称量时，将其放置于称量瓶中，先将称量瓶及药品总质量记录下来（取用时要注意，戴上手套或是用纸握住瓶盖和瓶身，以免手部汗渍等污染称量瓶，使之称量不准确），再用称量瓶盖子的侧面敲击称量瓶外壁口，药品用容器盛接，敲击出少量药品后，将称量瓶盖重新放到瓶身并保证密封（注意要回敲，即敲取一定药品后将未敲出的、粘在内壁磨口处的药品回敲回来，注意瓶盖不要沾污到药品，以免引入称量误差），用天平称量并读取读数，用最初读数减去当前天平读数就是现在已被敲击出的样品的质量，反复操作直到想取的样品质量为止。

注意：如果用电子天平进行分析称量时，则必须用减量法称量；如果在合成过程中，用电子天平称取微量反应物时，可以用增量法。

十、酸度计的使用

酸度计是测量溶液 pH 值最常用的仪器，它主要是利用一对电极在不同 pH 的溶液中能产生不同电动势的原理工作的。这对电极是由一支玻璃电极和一支饱和甘汞电极组成，玻璃电极称为指示电极，甘汞电极称为参比电极。玻璃电极是用一种导电玻璃吹制成的、极薄的空心小球，球内有 $0.1mol\cdot L^{-1}$ HCl 溶液和 Ag-AgCl 电极，其电极组成式为：

$$Ag(s) \mid AgCl(s) \mid HCl(0.1mol\cdot L^{-1}) \mid 玻璃 \mid 待测溶液$$

玻璃电极的导电薄玻璃膜把两种溶液隔开，即有电势产生。小球内 H^+ 浓度是固定的，所以电极电势随待测溶液 pH 的不同而改变。在 298.15K 时，玻璃电极的电极电势为：

$$E_{玻璃} = E_{玻璃}^{\ominus} - 0.0592pH$$

式中　$E_{玻璃}$——玻璃电极的电极电势；

　　　$E_{玻璃}^{\ominus}$——玻璃电极的标准电极电势。

测定时将玻璃电极和饱和甘汞电极插入待测溶液中组成原电池，并连接上电流表，即可测定出该原电池的电动势 E。

$$E = E_正 - E_负 = E_{甘汞} - E_{玻璃} = E_{甘汞} - E_{玻璃}^{\ominus} + 0.0592 \text{pH}$$

待测溶液的 pH 为：

$$\text{pH} = \frac{E - E_{甘汞} + E_{玻璃}^{\ominus}}{0.0592}$$

$E_{甘汞}$ 为一定值，如果 $E_{玻璃}^{\ominus}$ 已知，即可由原电池的电动势 E 求出待测溶液的 pH。$E_{玻璃}^{\ominus}$ 可以用一个已知 pH 的缓冲溶液代替待测溶液而求得。

酸度计一般是把测得的电动势直接用 pH 表示出来。为了方便起见，仪器加装了定位调节器，当测量 pH 已知的标准缓冲溶液时，利用调节器，把读数直接调节在标准缓冲溶液的 pH 处。这样在以后测量待测液的 pH 时，指针就可以直接指示待测溶液的 pH，省去了计算手续。一般都把前一步称为"定位"，后一步称为"测量"。已经定位的酸度计，在一定时间内可以连续测量多个待测溶液。

温度对溶液的 pH 有影响，可根据 Nernst 方程予以校正，在酸度计中已装配有温度补偿器进行校正。

下面以 pHS-25C 型酸度计为例来简单介绍酸度计的使用，pHS 型数显酸度计是实验室用于测量 pH 值的高精度仪器，具有 pH 和 mV 双重功能。采用 E201 型复合电极，反应快，稳定性好，使用方便。该系列仪器广泛应用于科研、教学、工业、农业等许多领域。

pHS 型数显酸度计的工作原理为：传感器（pH 复合电极）将水溶液中氢离子的活度转化成电能，电能输入给仪器，经运放、检流，经 A/D 转换成数字显示。

pHS-25C 型酸度计的仪器面板及旋钮如图 1-32 所示。

图 1-32　pHS-25C 型酸度计外形结构

1—定位调节器；2—温度补偿器；3—斜率调节器；4—显示屏；5,11—电极插孔；
6—电极夹；7—复合电极；8—电源开关；9—电源插孔；10—选择开关

定位调节器：校准时根据设定温度值调节 pH 6.86 标准缓冲溶液的数值。

温度补偿器：设定待测溶液的温度值。

斜率调节器：校准时根据设定温度值调节 pH 4.00（或 pH 9.18）标准缓冲溶液的数值。

电极插孔：接 pH 复合电极或参比电极。

选择开关：选择测量 pH 值或 mV 值。

电源插孔：连接 9V 直流稳压电源。

电源开关：打开或关闭仪器电源。

酸度计的使用方法如下。

1. 开机

① 将复合电极夹在电极夹上，拉下电极前端的电极套。

② 用蒸馏水冲洗电极，然后用滤纸吸干。

③ 接通仪器电源，打开电源开关，将仪器预热 15min。

2. 仪器校准

注意：第一次使用仪器或更换电池后必须进行校准。日常使用中，如果使用频率较高，建议每星期校准一次。如果使用频率不高，建议在使用前校准一次，这样测得的数据较准确。

校准注意事项：

① 标准缓冲溶液必须准确配制。

② 不能使用配制时间较长或已变质的标准缓冲溶液进行校准。

③ 电极从一种溶液中取出置入另一种溶液前，必须用蒸馏水进行冲洗并用滤纸吸干电极上的水珠。

校准步骤：

① 将仪器后面板的选择开关拨至 pH 挡。

② 用温度计测量标准缓冲溶液的温度值。

③ 调节仪器面板上的温度旋钮，使旋钮上的刻度线对准待测溶液的温度值。提示：仪器面板上的温度刻度点为 5℃一点。

④ 将电极置入 pH 6.86 标准缓冲溶液中。

⑤ 调节定位旋钮，直至屏幕显示设置温度下的 pH 6.86 值。

例如：pH 6.86 标准缓冲溶液在 10℃下的值为 pH 6.92。详见《标准缓冲溶液的 pH 值与温度对照表》（表 1-5）。

⑥ 将电极从 pH 6.86 标准缓冲溶液中取出，用蒸馏水进行冲洗并用滤纸吸干电极上的水珠。

⑦ 将电极置入 pH 4.00（或 pH 9.18）标准缓冲溶液中

说明：如果待测溶液为酸性液体，选用 pH 4.00 标准缓冲溶液进行校准。如果待测溶液为碱性液体，选用 pH 9.18 标准缓冲溶液进行校准。

⑧ 调节斜率旋钮，直至屏幕显示设置温度下的 pH 4.00（或 pH 9.18）的值。

例如：pH 9.18 标准缓冲溶液在 10℃下的值为 pH 9.33。详见《标准缓冲溶液的 pH 值与温度对照表》。

⑨ 重复④到⑧的步骤，直至仪器显示值符合两个标准缓冲溶液的 pH 值。

警告：仪器一旦校准完毕，定位及斜率旋钮不得再旋动，否则必须重新校准。

3. pH 值测量

已校准过的仪器，即可用来测量被测溶液的 pH。

① 用温度计测量待测溶液的温度值。

表 1-5　标准缓冲溶液的 pH 值与温度对照表

温度/℃	pH 4.00	pH 6.86	pH 9.18
0	4.01	6.98	9.46
5	4.0	6.95	9.39
10	4.0	6.92	9.33
15	4.0	6.90	9.28
20	4.0	6.88	9.23
25	4.0	6.86	9.18
30	4.01	6.85	9.14
35	4.02	6.84	9.10
40	4.03	6.84	9.07
45	4.04	6.83	9.04
50	4.06	6.83	9.02
55	4.07	6.83	8.99
60	4.09	6.84	8.97
70	4.12	6.85	8.93
80	4.16	6.86	8.89
90	4.20	6.88	8.86
95	4.22	6.89	8.84

② 调节仪器面板上的温度旋钮，使旋钮上的刻度线对准待测溶液的温度值。

③ 将电极置入待测溶液中，轻轻摇动溶液使浓度均匀，待显示稳定后读出数值，测量完毕。

4. 电极与仪器的维护

① 仪器的电极接口必须保持干燥、清洁。

② pH 复合电极使用后应洗净并置于 $3mol \cdot L^{-1}$ 的饱和氯化钾溶液中。

③ pH 复合电极应避免长期浸泡在蒸馏水、蛋白质溶液和酸性氯化物溶液中。

十一、分光光度计的使用

分光光度计的基本原理：物质在光的照射下，对光产生了吸收，物质对光的吸收具有选择性。各种不同的物质都具有其各自的吸收光谱。因此，某种单色光通过溶液时，其能量就会因被吸收而减弱，光能量减弱的程度和物质的浓度有一定的比例关系，如图 1-33 所示，它们之间的定量依据是朗伯-比尔定律。物质吸收光的程度可以用吸光度 A 或透光率 T 表示。定义：

$$A = \lg \frac{I_0}{I} \qquad T = \frac{I}{I_0}$$

图 1-33 光吸收原理图

式中　I_0——入射光强度；

　　　I——透射光强度。

$$A = \lg \frac{1}{T}$$

朗伯-比尔定律的数学表达式为：

$$A = \varepsilon b c$$

式中　A——吸光度；

　　　c——溶液的浓度，$mol \cdot L^{-1}$；

　　　b——液层厚度，cm；

　　　ε——摩尔吸光系数，$L \cdot mol^{-1} \cdot cm^{-1}$。

从以上公式可以看出，当入射光、吸光系数和液层厚度不变时，吸光度随溶液浓度的变化而变化。

分光光度计的基本原理是根据朗伯-比尔定律设计的。下面简单介绍两种常用的分光光度计的使用方法。

（一）22pc 型可见分光光度计

1. 仪器外形结构

22pc 型可见分光光度计外形结构如图 1-34、图 1-35 所示。

图 1-34　22pc 型可见分光光度计正面图

图 1-35　22pc 型可见分光光度计侧面图

1—试样槽架拉杆；2—样品室；3—波长显示窗；4—波长调节旋钮；5—模式键；

6—功能键；7—"↓/0％"键；8—"↑/100％"键；9—显示窗；10—"透射比"指示灯；

11—"吸光度"指示灯；12—"浓度因子"指示灯；13—"浓度直读"指示灯；14—电源插座；15—熔丝座；

16—电源开关；17—RS232C 串行接口插座

2. 22pc 可见分光光度计的使用方法

① 预热仪器　打开电源开关 16，显示窗 9 显示数字，预热 30min。

② 零点调整　打开暗箱盖或用不透光材料在样品室中遮断光路，然后按"↓/0%"键 7，即能自动调整零位。

③ 选择波长　使用波长调节旋钮 4，选择当前测试所需波长，具体波长由波长显示窗 3 显示，读出波长时目光要垂直观察。

④ 调节百分透光度　将空白液置于光路中，关闭暗箱盖（同时打开光门），按下"↑/100%"键 8，即能自动调整 $T=100\%$（一次有误差可加按一次）。

⑤ 确定滤光片位置　本仪器备有减少杂光、提高 340～380nm 波段光度准确性的滤波片，位于样品室内侧，用一拨杆来改变位置。当测试波长在 340～380nm 波段内如作高精度测试，可将拨杆推向前，通常可不使用此滤光片，可将拨杆置于 400～1000nm 位置。

⑥ 改变标尺　本仪器有四种标尺，各标尺间的转换用模式键 5 操作，由"透射比"，"吸光度"，"浓度因子"，"浓度直读"指示灯分别指示，开机初始状态为"透射比"，每按一次顺序循环。

⑦ 溶液测定　将待测液盛于比色皿并置于比色池中，关闭暗箱盖，轻轻拉动比色皿座架拉杆，使待测液进入光路，进行测定。测完后应打开暗箱盖，以免光电管疲劳。

试验完毕，切断电源，将比色皿洗涤干净并用软纸将比色皿与座架、暗箱擦净。

（二）752s 型紫外分光光度计

1. 仪器外形结构

752s 型紫外分光光度计仪器外形结构如图 1-36、图 1-37 所示。

图 1-36　752s 型紫外分光光度计正面图　　　图 1-37　752s 型紫外分光光度计侧面图

1—试样槽架拉杆；2—样品室；3—波长显示窗；4—波长调节旋钮；5—模式键；

6—功能键；7—"↓/0%"键；8—"↑/100%"键；9—显示窗；10—"透射比"指示灯；

11—"吸光度"指示灯；12—"浓度因子"指示灯；13—"浓度直读"指示灯；14—电源插座；15—熔丝座；

16—电源开关；17—RS232C 串行接口插座

2. 752s 型紫外分光光度计的使用方法

① 预热仪器　打开电源开关 16，显示窗 9 显示数字，预热 30min。

② 零点调整　打开暗箱盖或用不透光材料在样品室中遮断光路，然后按"↓/0%"键 7，即能自动调整零位。

③ 选择波长　使用波长调节旋钮 4，选择当前测试所需波长，具体波长由波长显示窗 3 显示，读出波长时目光要垂直观察。

④ 调节百分透光度　将空白液置于光路中，关闭暗箱盖（同时打开光门），按下 "↑/100％" 键 8，即能自动调整 $T=100\%$（一次有误差可加按一次）。

⑤ 改变标尺　本仪器有四种标尺，各标尺间的转换用模式键 5 操作，由 "透射比"，"吸光度"，"浓度因子"，"浓度直读" 指示灯分别指示，开机初始状态为 "透射比"，每按一次顺序循环。

⑥ 溶液测定　将待测液盛于比色皿并置于比色池中，关闭暗箱盖，轻轻拉动比色皿座架拉杆，使待测液进入光路，进行测定。测完后应打开暗箱盖，以免光电管疲劳。

试验完毕，切断电源，将比色皿洗涤干净并用软纸将比色皿与座架、暗箱擦净。

（三）分光光度计使用注意事项

① 工作环境　室温：5～35℃，室内相对湿度小于 85％。安放在稳定的工作台上，避免震动，并避免阳光直射及强烈电磁场干扰，避免灰尘及腐蚀性气体。

② 清洁仪器外表时，宜用温水擦拭，切勿用乙醇、乙醚等有机溶剂，不使用时请加防尘罩。

③ 比色皿每次使用后都用石油醚清洗，并用镜头纸轻拭干净，存于比色皿盒中备用。不能用碱液或氧化性强的洗涤液洗比色皿，以免损坏。也不能用毛刷，以免损坏透光面。

④ 为了防止光电管疲劳，不测定时必须将比色皿暗箱盖打开，切断光路，以延长光电管的使用寿命。

⑤ 手拿比色皿时，手指捏住比色皿的毛玻璃面，不要碰比色皿的透光面，以免沾污及磨损。

⑥ 测定时，一定要用待测液将比色皿内壁洗 2～3 次，以保证溶液的浓度不变，在测定一系列溶液的吸光度时，通常是按从稀到浓的顺序测定，以减少误差。

第二部分

基本操作实验

实验 1　强酸、强碱溶液的配制和相互滴定

【实验目的】

1. 熟悉有关溶液浓度的计算。
2. 掌握一般溶液和标准溶液的配制方法及基本操作。
3. 学习正确使用量筒、移液管、容量瓶、滴定管的方法。
4. 掌握碱滴定酸和酸滴定碱指示剂的选取及终点的正确判断。

【实验原理】

化学实验通常配制的溶液有一般溶液和标准溶液。

1. 一般溶液的配制

① 直接水溶法　对易溶于水而又不发生水解的固体，如 NaOH、NaCl、$H_2C_2O_4$ 等配制其溶液时，可用台秤称取一定量的固体于烧杯中，加入少量蒸馏水，搅拌溶解后，再用蒸馏水稀释到所需体积，最后倒入试剂瓶中。

② 介质水溶法　对易水解的固体试剂，如 $SnCl_2$、$SbCl_3$、$Bi(NO_3)_3$ 等，配制其溶液时，称取定量的固体，加入适量一定浓度的酸（或碱）使之溶解。再用蒸馏水稀释至所需体积。摇匀后转入试剂瓶。

在水中溶解度较小的固体试剂，先选用适当的溶剂溶解后，再稀释，摇匀转入试剂瓶中。如 I_2（固体），可先用 KI 水溶液溶解，再用水稀释。

③ 稀释法　对于液态试剂，如盐酸、硫酸、氨水等。在配制其稀溶液时，先用量筒量取所需量的浓溶液，然后用蒸馏水稀释至所需体积。但配制 H_2SO_4 溶液时，要注意应在不断搅拌的情况下缓慢地将浓硫酸倒入水中，切不可将水倒入浓硫酸中。

2. 标准溶液的配制

① 直接法　用分析天平准确称取一定量的基准试剂于烧杯中，加入适量蒸馏水使之溶解，然后转入容量瓶，再用蒸馏水稀释至刻度，摇匀。

② 标定法　不符合基准试剂条件的物质，不能用直接法配制标准溶液，但可先配成近似于所需浓度的溶液。然后用基准试剂或已知准确浓度的标准溶液来标定。

酸碱滴定中常用盐酸和氢氧化钠溶液作为标准溶液，但由于浓盐酸容易挥发，NaOH 易吸收空气中的水分和 CO_2，不符合基准物质的条件，只能先配制近似浓度的溶液，然后用基准物质标定其准确浓度，即间接法配制。也可用已知准确浓度的标准溶液来标定其准确浓度。通过滴定得到 V_{NaOH}/V_{HCl} 比值，由标定出的 NaOH 浓度 c_{NaOH} 可算出 HCl 的浓度 c_{HCl}，强酸滴定强碱在完全反应点附近，pH 突跃范围比较大（4.3～9.7），因此甲基橙、甲基红、中性红、酚酞等都可用来指示终点。

【仪器与试剂】

仪器：台秤，量筒（10mL、500mL），烧杯（100mL），试剂瓶（500mL），酸式和碱式滴定管，锥形瓶（250mL），标签纸，称量纸，玻璃棒，洗瓶，药匙，乳胶手套。

试剂：固体 NaOH(s,CP)，浓盐酸（CP,12mol·L^{-1}），0.1%甲基橙水溶液，0.2%酚

酞乙醇溶液。

【实验步骤】

1. 0.1mol·L^{-1} HCl 和 0.1mol·L^{-1} NaOH 溶液的配制

HCl 溶液配制：用洁净小量筒量取浓盐酸 2.0～2.5mL，倒入装有约 250mL 蒸馏水的烧杯中，将溶液转入试剂瓶，贴上标签备用。

NaOH 溶液配制：在台秤上用小烧杯称取所需固体 NaOH 的质量，加 50mL 蒸馏水溶解，待冷却后将溶液转入装有约 200mL 蒸馏水的烧杯中，混合均匀。将溶液转入试剂瓶中，贴上标签备用。

2. 酸、碱标准溶液浓度的比较

预先准备好洁净的酸式滴定管和碱式滴定管各一支，试漏后，用蒸馏水淋洗 3 次。然后用少量 HCl 标准溶液淋洗酸式滴定管 3 次，每次用量 5～10mL。再装满溶液，驱除下端气泡调节液面于 0.00 刻度线或以下，静置 1min 后方可读数。用同样操作步骤把 NaOH 标准溶液装入碱式滴定管。及时记录下酸式滴定管和碱式滴定管的初读数。

由碱式滴定管放出 20mL 左右 NaOH 溶液于 250mL 锥形瓶中，加入甲基橙指示剂 1～2 滴，然后用酸滴定锥形瓶中的碱，同时随滴随摇锥形瓶，使溶液混匀，待接近终点时，酸液应逐滴或半滴地加入锥形瓶中，挂在瓶壁上的酸可用蒸馏水淋洗下去，直至被滴定溶液由黄色恰变橙色，示为滴定终点，如果颜色观察有疑问或终点已过，可继续由碱式滴定管加入少量 NaOH 溶液，被滴液呈黄色，再以 HCl 溶液滴定，当半滴酸液加入后被滴液恰现橙黄色为止（如此可反复进行，直至能较为熟练地掌握滴定操作和判断滴定终点）。仔细读取酸、碱滴定管的最终读数，准确到 0.01mL，并记录和计算出 V_{HCl}/V_{NaOH}。

再次将标准溶液分别装满酸、碱滴定管，重复上述操作，计算出体积比，同样测定 3 次，直至 3 次测定结果与平均值的相对平均偏差小于±0.2%，否则应重做。

酸、碱溶液浓度比较也可采用酚酞指示剂，应以碱滴定酸的方式进行，终点颜色由无色恰变为淡粉红色，算出 V_{HCl}/V_{NaOH} 值，与采用甲基橙作指示剂的 V_{HCl}/V_{NaOH} 值比较，试说明原因。记录及报告示例如表 2-1 和表 2-2 所示。

表 2-1　酸、碱标准溶液浓度的比较
（指示剂：甲基橙）

编　号		1	2	3
HCl	最后读数/mL 开始读数/mL V_{HCl}/mL			
NaOH	最后读数/mL 开始读数/mL V_{NaOH}/mL			
V_{HCl}/V_{NaOH}				
平均值				
相对偏差				

表 2-2　酸、碱标准溶液浓度的比较

（指示剂：酚酞）

	编　号	1	2	3
HCl	最后读数/mL			
	开始读数/mL			
	V_{HCl}/mL			
NaOH	最后读数/mL			
	开始读数/mL			
	V_{NaOH}/mL			
	V_{HCl}/V_{NaOH}			
	平均值			
	相对偏差			

【问题与讨论】

1. 配制酸、碱标准溶液时，为什么用量筒量取盐酸和用台秤称固体 NaOH，而不用移液管和分析天平？配制的溶液浓度应取几位有效数字？为什么？

2. 如何检验玻璃器皿是否洗净？滴定管为什么用标准溶液洗三遍？锥形瓶是否应烘干？为什么？

3. 50mL 的滴定管，当第一次实验用去 20mL，第二次滴定为什么必须添加标准溶液至零刻度附近，而不可继续使用余下的部分溶液进行滴定？

实验 2　酸、碱标准溶液的标定

【实验目的】

熟悉酸、碱滴定常用指示剂的变色原理及选择。

【实验原理】

1. 标准溶液的配制方法

标准溶液的配制方法有直接法和间接法（也称标定法）两种。

① 直接法　用分析天平准确称取一定量的基准试剂于烧杯中，加入适量蒸馏水使之溶解，然后转入容量瓶，再用蒸馏水稀释至刻度，摇匀。

② 标定法　不符合基准试剂条件的物质，不能用直接法配制标准溶液，但可先配成近似于所需浓度的溶液。然后用基准试剂或已知准确浓度的标准溶液来标定。

2. 酸、碱标准溶液浓度的标定

对于酸碱中和反应满足关系式

$$m H_n A + n M(OH)_m \longrightarrow n M^{m+} + m A^{n-} + (mn) H_2O$$

$$\frac{c_{酸} V_{酸}}{m} = \frac{c_{碱} V_{碱}}{n}$$

采取中和滴定的方法测定酸或碱的浓度，用指示剂的颜色变化来确定滴加的溶液是否与被测溶液定量反应，以此判断滴定终点。

盐酸易挥发出 HCl 气体，NaOH 则容易吸收空气中的水蒸气及 CO_2。故它们都不能用直接法配制标准溶液，只能用间接法配制，然后用基准物质标定其准确浓度。

① 标定 HCl 标准溶液常用的基准物是无水 Na_2CO_3 和硼砂。以无水碳酸钠标定 HCl 时，可采用甲基橙作为指示剂，反应式如下：

$$Na_2CO_3 + 2HCl \longrightarrow 2NaCl + CO_2 \uparrow + H_2O$$

以硼砂 $Na_2B_4O_7 \cdot 10H_2O$ 为基准物时，反应产物是硼酸（$K_a = 5.7 \times 10^{-10}$），溶液呈微酸性，因此选用甲基红为指示剂，反应如下：

$$Na_2B_4O_7 + 2HCl + 5H_2O \longrightarrow 4H_3BO_3 + 2NaCl$$

② 标定氢氧化钠溶液常用的基准物是邻苯二甲酸氢钾或草酸。邻苯二甲酸氢钾是一种二元弱酸的共轭碱，它的酸性较弱，$K_{a2} = 2.9 \times 10^{-6}$，与 NaOH 的反应式如下：

$$\text{○}{-\text{COOH} \atop -\text{COOK}} + NaOH \rightleftharpoons \text{○}{-\text{COONa} \atop -\text{COOK}} + H_2O$$

反应产物是邻苯二甲酸钾钠，在水溶液中显微碱性，因此应选用酚酞作为指示剂。

草酸 $H_2C_2O_4 \cdot 2H_2O$ 是二元酸，由于 K_{a1} 与 K_{a2} 值相近，不能分步滴定，反应产物为 $Na_2C_2O_4$，在水溶液中呈微碱性，也可采用酚酞作为指示剂。

【仪器与试剂】

仪器：分析天平，台秤，容量瓶（250mL、100mL），移液管（25mL），吸量管（10mL），试剂瓶（500mL），胶头滴管，烧杯（100mL），酸式和碱式滴定管（50mL），锥形瓶

（250mL），量筒（10mL，250mL），铁架台，火柴，称量纸，石棉网，玻璃棒，洗瓶，皮筋，标签纸，药匙，乳胶手套。

试剂：浓 HCl（12mol·L^{-1}），NaOH（s，CP），无水 Na$_2$CO$_3$（s，AR），邻苯二甲酸氢钾（s，AR），0.1%甲基橙水溶液，0.2%酚酞乙醇溶液。

【实验步骤】

1. 0.1mol·L^{-1} HCl 和 0.1mol·L^{-1} NaOH 溶液的配制

（1）0.1mol·L^{-1} HCl 溶液的配制

用洁净小量筒量取浓 HCl 2.0～2.5mL，倒入装有约 250mL 蒸馏水的烧杯中，混合均匀。将溶液转入试剂瓶中，贴上标签备用。

（2）0.1mol·L^{-1} NaOH 溶液的配制

在台秤上用小烧杯称取所需质量的固体 NaOH，加 50mL 蒸馏水溶解，待冷却后将溶液转入装有约 200mL 蒸馏水的烧杯中，混合均匀。将溶液转入试剂瓶中，贴上标签备用。

标签写明：试剂名称、浓度、配制日期。

2. 0.1mol·L^{-1} HCl 标准溶液的标定

用分析天平准确称取 1.33g 无水 Na$_2$CO$_3$ 于小烧杯中，加蒸馏水约 50.0mL 溶解，然后转入 250mL 容量瓶中，摇匀定容。用 25mL 移液管吸取三份分别置于 250mL 锥形瓶中。在 3 个盛有 Na$_2$CO$_3$ 溶液的锥形瓶中各加甲基橙 1～2 滴，用欲标定的 HCl 溶液滴定。近终点时，应逐滴或半滴加入，直至溶液由黄色恰变橙色即为终点。

根据 Na$_2$CO$_3$ 的质量 m 和消耗 HCl 溶液的体积 V_{HCl} 可按下式计算 HCl 标准溶液的浓度 c_{HCl}：

$$c_{HCl} = \frac{m_{Na_2CO_3}}{M_{Na_2CO_3} \times V_{HCl} \times 5}$$

式中　$M_{Na_2CO_3}$——碳酸钠的摩尔质量。

每次标定的结果与平均值的相对平均偏差不得大于±0.2%，否则应重新标定。将相关数据记录于表 2-3 中。

表 2-3　HCl 标准溶液浓度的标定

编号	1	2	3
$m_{Na_2CO_3}$/g			
HCl 终读数/mL			
HCl 初读数/mL			
所耗 HCl 溶液体积 V_{HCl}/mL			
c_{HCl}/mol·L^{-1}			
平均值			
相对偏差			

3. 0.1mol·L^{-1} NaOH 标准溶液的标定

用分析天平准确称取三份邻苯二甲酸氢钾，每份 0.5g（精确到小数点后 4 位），分别置于锥形瓶中，各加 50.0mL 蒸馏水溶解（必要时可小火温热溶解）。加酚酞指示剂 2 滴，用欲标定的 NaOH 标准溶液滴定。近终点时要逐滴或半滴加入，直至被滴定溶液由无色变为粉红色，摇动后 0.5min 内不褪色即为终点。

根据邻苯二甲酸氢钾的质量 m 和消耗 NaOH 标准溶液的体积 V_{NaOH}，按下式计算 NaOH 标准溶液的浓度 c_{NaOH}：

$$c_{NaOH} = \frac{m_{KHC_8H_4O_4}}{M_{KHC_8H_4O_4} \times V_{NaOH}}$$

式中　$M_{KHC_8H_4O_4}$——邻苯二甲酸氢钾的摩尔质量。

每次标定的结果与平均值的相对偏差不大于 $\pm 0.2\%$，否则必须重新标定。将相关数据记录于表 2-4 中。

表 2-4　NaOH 标准溶液浓度的标定

编　号	1	2	3
$m_{KHC_8H_4O_4}$/g			
NaOH 终读数/mL			
NaOH 初读数/mL			
所耗 NaOH 溶液体积 V_{NaOH}/mL			
c_{NaOH}/mol·L^{-1}			
平均值			
相对偏差			

【问题与讨论】

1. 本实验中配制酸碱标准溶液时，试剂只用量筒量取或台秤称取，为什么？稀释所用蒸馏水是否需要准确量取？

2. 标定 HCl 溶液时，称基准物无水 Na_2CO_3 1.33g 左右；标定 NaOH 溶液时，称邻苯二甲酸氢钾 0.5g 左右，这些称量要求是怎么算出来的？称太多或太少对标定有何影响？

3. 标定用的基准物质应具备哪些条件？

4. 如果 Na_2CO_3 中结晶水没有完全除去，实验结果会怎样？

5. 准确称取的基准物质置于锥形瓶中，锥形瓶中内壁是否要烘干？为什么？

6. 用邻苯二甲酸氢钾标定 NaOH 溶液时，为什么选用酚酞作指示剂？用甲基橙可以吗？

7. $Na_2C_2O_4$ 能否作为标定酸的基准物？为什么？

实验3 粗食盐的提纯与检验

【实验目的】

1. 学习提纯氯化钠的原理和 Ca^{2+}、Mg^{2+}、SO_4^{2-} 的鉴定方法。

2. 掌握过滤、转移、蒸发浓缩和减压过滤的基本操作。

【实验原理】

粗食盐中含有泥砂等不溶性杂质和 Ca^{2+}、Mg^{2+}、K^+、I^-、Br^-、SO_4^{2-} 等构成的卤化物、硫酸盐可溶性杂质。不溶性杂质可通过过滤除去；可溶性杂质可采用化学法，即加入某些化学试剂，使之转化为沉淀后过滤除去。具体方法如下。

将粗食盐溶于水，向其中加入稍过量的 $BaCl_2$ 溶液，使溶液中的 SO_4^{2-} 转化为 $BaSO_4$ 沉淀，过滤除去 $BaSO_4$ 和其它不溶性的杂质。

$$Ba^{2+} + SO_4^{2-} \longrightarrow BaSO_4 \downarrow \text{（白色）}$$

在滤液中依次加入适量的 NaOH 和 Na_2CO_3 溶液，使溶液中的 Ca^{2+}、Mg^{2+} 以及过量的 Ba^{2+} 转化为沉淀，过滤，除去沉淀。

$$Mg^{2+} + 2OH^- \longrightarrow Mg(OH)_2 \downarrow \text{（白色）}$$

$$Ca^{2+} + CO_3^{2-} \longrightarrow CaCO_3 \downarrow \text{（白色）}$$

$$Ba^{2+} + CO_3^{2-} \longrightarrow BaCO_3 \downarrow \text{（白色）}$$

在滤液中加入适量盐酸，中和溶液中过量的 OH^- 和 CO_3^{2-}，使溶液呈微酸性。

$$H^+ + OH^- \longrightarrow H_2O$$

$$2H^+ + CO_3^{2-} \longrightarrow H_2O + CO_2 \uparrow$$

少量 KBr、KI 等可溶性杂质因含量少溶解度较大，在 NaCl 结晶过程中仍留在母液中而被除掉。少量多余的盐酸，在干燥 NaCl 时，会以 HCl 的形式逸出。

【仪器与试剂】

仪器：托盘天平，蒸发皿（125mL），烧杯（100mL），量筒（25mL），普通漏斗，水循环真空泵，布氏漏斗，抽滤瓶，试管6支，酒精灯，试管架，漏斗架，广泛 pH 试纸，火柴，称量纸，定性滤纸，石棉网，玻璃棒。

试剂：粗食盐，$BaCl_2$（$1.0mol \cdot L^{-1}$），NaOH-Na_2CO_3（$2.0mol \cdot L^{-1}$ NaOH 溶液与饱和 Na_2CO_3 溶液等体积混合），NaOH（$2.0mol \cdot L^{-1}$），HCl（$6.0mol \cdot L^{-1}$），镁试剂，饱和 $(NH_4)_2C_2O_4$ 溶液。

【实验步骤】

1. 粗食盐的提纯

（1）粗盐的溶解

用托盘天平称取 5.0g 研细的粗食盐放入 100mL 的烧杯中，加入 20mL 蒸馏水，加热，搅拌使其溶解。

（2）除 SO_4^{2-}

继续加热溶解的粗盐溶液至沸腾，在不断搅拌下滴加 $1.0mol\cdot L^{-1}$ $BaCl_2$ 溶液约 $1mL$，继续加热 $5min$（注意补水），使沉淀颗粒长大易于过滤（注意补水）。然后将烧杯取下，待固液分层后，沿烧杯壁在上清液中滴加 $2\sim3$ 滴 $1.0mol\cdot L^{-1}$ $BaCl_2$ 溶液，如果无浑浊，表明 SO_4^{2-} 已沉淀完全。如果有浑浊出现，应继续加热溶液并继续滴加 $BaCl_2$ 溶液，直至 SO_4^{2-} 沉淀完全为止。常压过滤，弃去沉淀。

（3）除 Ca^{2+}、Mg^{2+}、Ba^{2+} 等阳离子

将所得滤液加热近沸，边搅拌边滴加 $NaOH$-Na_2CO_3 混合溶液至溶液的 pH 值约为 11。常压过滤，弃去沉淀。

（4）用 HCl 溶液调整酸度除去剩余的 OH^- 和 CO_3^{2-}

向滤液中逐滴加入 $6.0mol\cdot L^{-1}$ HCl 溶液，直至溶液的 pH 值为 $5\sim6$（用 pH 试纸检验）。

（5）浓缩、结晶

将溶液倒入蒸发皿中，用小火加热蒸发，浓缩溶液至原体积的 $1/4$，冷却结晶，减压抽滤，用少量蒸馏水洗涤晶体，抽干。将 NaCl 晶体移入蒸发皿中，放在石棉网上，在玻璃棒不断搅拌下，用小火烘干。冷却后称量，计算产率。

2. 产品纯度检验

称取研细的粗食盐和产品各 $0.5g$，分别溶于 $5mL$ 蒸馏水中，再各分为三等份盛在 6 支试管中，用下面的方法进行定性检验。

① SO_4^{2-} 的检验　分别向盛有粗食盐和产品溶液的 2 支试管中各滴加 2 滴 $1.0mol\cdot L^{-1}$ $BaCl_2$ 溶液，观察现象。

② Ca^{2+} 的检验　分别向盛有粗食盐和产品溶液的 2 支试管中各滴加 2 滴饱和 $(NH_4)_2C_2O_4$ 溶液，观察现象。

③ Mg^{2+} 的检验　分别向盛有粗食盐和产品溶液的 2 支试管中各滴加 5 滴 $2.0mol\cdot L^{-1}$ $NaOH$ 溶液和 2 滴镁试剂，观察有无天蓝色沉淀生成。

【注意事项】

1. 镁试剂为对硝基苯偶氮间苯二酚，其结构式为：

镁试剂在碱性溶液中呈红色或紫红色，被 $Mg(OH)_2$ 吸附后呈现天蓝色。

2. $BaCl_2$ 溶液有毒！勿接触皮肤和入口。

【问题与讨论】

1. 在除去 Ca^{2+}、Mg^{2+}、SO_4^{2-} 时，为什么不能先加入 Na_2CO_3 溶液和 NaOH 溶液，然后再加入 $BaCl_2$ 溶液，不能颠倒顺序？

2. 为什么要向溶液中滴加盐酸并使之呈微酸性？

3. 在结晶浓缩时，为什么不能把结晶物蒸干？

实验 4　硝酸钾的制备与提纯

【实验目的】

1. 了解利用各种易溶盐在不同温度时溶解度的差异来制备易溶盐的原理和方法。
2. 学习结晶和重结晶的一般原理和操作方法。
3. 掌握减压过滤（包括热过滤）的基本操作。

【实验原理】

$$NaNO_3 + KCl \rightleftharpoons NaCl + KNO_3$$

$NaNO_3$ 和 KCl 的混合溶液中，同时存在 Na^+、K^+、Cl^- 和 NO_3^- 四种离子。由它们组成的四种盐在不同温度下的溶解度不同（表 2-5、图 2-1）。

表 2-5　四种盐在不同温度下的溶解度　　　　单位：$g \cdot (100g\ H_2O)^{-1}$

名称＼温度/℃	0	20	40	70	100
KNO_3	13.3	31.6	63.9	138.0	246.0
KCl	27.6	34.0	40.0	48.3	56.7
$NaNO_3$	73.0	88.0	104.0	136.0	180.0
NaCl	35.7	36.0	36.6	37.8	39.8

图 2-1　四种盐的温度溶解度曲线

在 20℃时，除硝酸钠以外，其它三种盐的溶解度都差不多，因此不能使硝酸钾晶体析出。但是随着温度的升高，氯化钠的溶解度几乎没有多大改变，而硝酸钾的溶解度却增大得很快。因此只要把硝酸钠和氯化钾的混合溶液加热，在高温时氯化钠的溶解度小，趁热把它滤去，然后冷却滤液，因硝酸钾的溶解度急剧下降会析出硝酸钾晶体。

在初次结晶中一般混有一些可溶性杂质，为了进一步除去这些杂质，可采用重结晶方法进行提纯。

【仪器与试剂】

仪器：水循环真空泵，热滤漏斗，烧杯（50mL、100mL），量筒（10mL、100mL），抽滤瓶、布氏漏斗，试管，酒精灯，试管架，漏斗架，石棉网，玻璃棒，玻璃铅笔，火柴，称量纸，定性滤纸。

试剂：$NaNO_3$(s，AR)，KCl(s，AR)，饱和 KNO_3 溶液，$AgNO_3$ 溶液（$0.1mol \cdot L^{-1}$）。

【实验步骤】

1. 硝酸钾的制备

在 50mL 烧杯中加入 8.5g $NaNO_3$ 和 7.5g KCl，再加入 15mL 蒸馏水，在烧杯外壁沿液面处作一记号。将烧杯放在石棉网上，用小火加热、搅拌，使其溶解，再继续加热蒸发至原体积的 2/3，这时烧杯内开始有较多晶体析出（什么晶体？）。趁热减压过滤，滤液中很快出现晶体（这又是什么晶体？）。

另取 8mL 热沸的蒸馏水加入抽滤瓶中，使结晶重新溶解，并将溶液转移至烧杯中缓缓加热，蒸发至原有体积的 3/4，静置、冷却（可用冷水浴冷却），待结晶重新析出，再进行减压过滤。用饱和 KNO_3 溶液滴洗两遍，将晶体抽干、称量、计算实际产率。

2. 硝酸钾的提纯

按质量比为 $m(KNO_3)：m(H_2O) = 2：1$ 的比例，将粗产品溶于所需蒸馏水中，加热并搅拌，使溶液刚刚沸腾即停止加热（此时，若晶体尚未溶解完，可加适量蒸馏水使其刚好溶解完）。冷却到室温后，抽滤并用饱和 KNO_3 溶液 4～6mL，用滴管逐滴加于晶体的各部位洗涤、抽干、称量，计算产率。

3. 产品纯度的检验

取少许粗产品和重结晶后所得 KNO_3 晶体分别置于两支试管，用蒸馏水配成溶液，然后各滴 2 滴 $0.1mol \cdot L^{-1}$ $AgNO_3$ 溶液，观察现象，并作出结论。

【问题与讨论】

1. 产品的主要杂质是什么？

2. 能否将除去氯化钠后的滤液直接冷却制取硝酸钾？

3. 考虑在母液中留有硝酸钾，粗略计算本实验实际得到的最高产量。

实验 5　密度的测定

【实验目的】

1. 学习正确使用物理天平和比重瓶。
2. 熟悉用流体静力称衡法和比重瓶法测定形状不规则的固体和小块固体密度的原理。
3. 掌握测定不规则固体材料密度的实验方法及操作。
4. 了解测定规则物体密度的原理。

【实验原理】

1. 流体静力称衡法测定不规则固体的密度（比水的密度大）和液体的密度

按照阿基米德定律，浸在液体中的物体要受到向上的浮力。浮力的大小等于物体所排开液体的重量。如果将物体分别浸在空气和水里称量，得到物体的质量为 m_1 和 m_2，则物体在水中受到的浮力等于全部浸入水中物体所排开水的重量，即 $g(m_1-m_2)=\rho_0 gV$（其中 ρ_0 为水的密度，g 为重力加速度，V 为物体的体积）。

考虑到 $m_1=\rho V$（ρ 为物体的密度），消去 V、g 后等式变为

$$\frac{\rho}{\rho_0}=\frac{m_1}{m_1-m_2}$$

即
$$\rho=\frac{m_1}{m_1-m_2}\rho_0 \tag{2-1}$$

如果将上述物体再浸入密度为 ρ' 的待测液体中，称得此时物体的质量为 m_3，则物体在待测液体中受到的浮力为 $g(m_1-m_3)$，此浮力又等于 $\rho'gV$。考虑到 $g(m_1-m_2)=\rho_0 gV$，得到待测液体的密度。

用温度计测出水温 t，从水的密度表上查出该温度下水的密度，即可求出被测物的密度。

待测液体的密度　　　$$\rho'=\frac{m_1-m_3}{m_1-m_2}\rho_0 \tag{2-2}$$

2. 流体静力称衡法和助沉法相结合测定密度小于水的不规则固体的密度

设被测物在空气中的质量为 m，如图 2-2 所示，用细线将被测物与另一助沉物串系起来，被测物在上，助沉物在下。设仅将助沉物没入水中而被测物在水面上时系统的表观质量为 m_1，二者均没入水中（注意悬吊，不接触烧杯壁和底）时的表观质量为 m_2，根据阿基米德定律，被测物受到的浮力为

$$\rho_水 Vg=(m_1-m_2)g$$

被测物体积　　　$$V=\frac{m_1-m_2}{\rho_水}$$

被测物密度　　　$$\rho=\frac{m}{V}=\frac{m}{m_1-m_2}\rho_水 \tag{2-3}$$

测出水温 t，查表得 $\rho_水$，即可求出 ρ。

图 2-2 流体静力称衡法和助沉法相结合

图 2-3 比重瓶

3. 用比重瓶测定碎小固体（不溶于水）的密度

设比重瓶（包括瓶塞，图 2-3）的质量为 m，比重瓶装一定量碎小固体的质量为 m_1，再将比重瓶装满水，瓶（包括瓶塞）、水和小固体的总质量为 m_2，然后将水和小固体倒出，比重瓶装满水，总质量为 m_3。则小固体的质量为 m_1-m，排出的水的质量为 $m_3-m_2+(m_1-m)$，排出水的体积即碎小固体的总体积为

$$V=\frac{m_3-m_2+(m_1-m)}{\rho_水}$$

碎小固体的密度 $\qquad \rho=\frac{m_1-m}{V}=\frac{m_1-m}{m_3-m_2+(m_1-m)}\rho_水 \qquad$ (2-4)

测出水温 t，查表得 $\rho_水$，即可求出碎小固体的密度 ρ。

4. 测定规则物体密度的方法

对一密度均匀的物体，若其质量为 m，体积为 V，则该物体的密度：

$$\rho=\frac{m}{V} \qquad (2-5)$$

用天平准确地测定物体的质量 m，用卡尺或千分尺等量具测定出其体积 V，由上式求出样品的密度。

【仪器与试剂】

仪器：分析天平，比重瓶，烧杯（250mL），水银温度计，量筒（250mL），细线，吸水纸。

试剂：蒸馏水，四氯化碳（AR），不规则金属块（被测物），橡皮或石蜡块（被测物），碎小石子（被测物），清水。

【实验步骤】

1. 用流体静力称衡法测物体的密度

① 按照分析天平的使用方法，称出物体在空气中的质量 m_1。

② 把盛有大半杯水的杯子放在天平左边的托盘上，然后将用细线挂在天平左边小钩上的物体全部浸入水中（注意不要让物体接触杯子），称出物体在水中的质量 m_2。

③ 查出室温下纯水的密度 ρ_0，按式(2-1)算出物体的密度。

数据记录如表2-6所示。

表2-6　流体静力称衡法测定不规则固体的密度（比水的密度大）数据记录

项目	数值	项目	数值
天平感量		纯水温度 t	
待测物体在空气中的质量 m_1		纯水在 t℃时的密度 ρ_0	
待测物体在水中的质量 m_2		待测物体的密度 ρ	

2. 流体静力称衡法和助沉法相结合测定密度小于水的不规则固体的密度

① 称量橡皮在空气中的质量 m。

② 用细线将橡皮和助沉金属块串系起来，橡皮在上，金属块在下。系好后挂在天平横梁左端的钩子上。先称仅有金属块没入水中而石蜡块在水面之上时系统的表观质量 m_1，再称二者均没入水中时系统的表观质量 m_2（悬吊，不能接触烧杯壁和底）。

③ 用温度计测出水温 t，查表得该温度下的 $\rho_{水}$。

④ 用公式(2-3)计算出下橡皮的密度 ρ。数据记录见表2-7。

表2-7　流体静力称衡法和助沉法相结合测定密度小于水的不规则固体的密度数据记录

项目	数值	项目	数值
待测物体在空气中的质量 m		纯水温度 t	
只有助沉物在水中的质量 m_1		纯水在 t℃时的密度 ρ_0	
待测物助沉物都在水中质量 m_2		待测物体的密度 ρ	

3. 比重瓶法测量不溶于水的小块固体的密度

① 称量出比重瓶在空气中的质量 m。

② 称量出比重瓶只盛有碎小固体的质量 m_1。

③ 将比重瓶注满纯水和小块固体，塞上塞子，擦去溢出的水（注意：瓶内不能有残留的水泡），这时水面恰好达到毛细管顶部。用天平称出比重瓶、小块固体和纯水的总质量 m_2。

④ 比重瓶只盛有纯水称出其质量 m_3。

⑤ 测出水温 t，查表得 $\rho_{水}$（若前后室温变化不大，此步可不必再做）。

⑥ 由式(2-4)算出固体的密度。数据记录见表2-8。

表2-8　比重瓶法测量不溶于水的小块固体的密度数据记录

项目	数值	项目	数值
天平感量		比重瓶＋纯水质量 m_3	
比重瓶在空气中的质量 m		纯水温度 t	
比重瓶＋碎小固体的质量 m_1		纯水在 t℃时的密度 ρ_0	
比重瓶＋碎小固体＋纯水质量 m_2		待测物体的密度 ρ	

【问题与讨论】

1. 具体分析本实验产生误差的各种原因。

2. 假如待测固体能溶于水，但不溶于某种液体 A，现欲用比重瓶法测定该固体的密度，试写出测量的原理和大致步骤。

3. 用未经干燥的比重瓶进行测量，对实验结果有什么影响？

实验6　摩尔气体常数的测定

【实验目的】

1. 熟悉理想气体状态方程式和分压定律的应用。
2. 学习分析天平和气压计的使用。
3. 掌握量气管排水集气法测量气体体积的操作。

【实验原理】

用已知质量的镁 $m(Mg)$ 和过量的稀酸作用，产生一定量的氢气 $m(H_2)$。在一定的温度（T）和压力（p）下，测定被置换的氢气体积 $V(H_2)$。根据分压定律，算出氢气的分压。

上述方法收集到的氢气混有水蒸气，$p(H_2)＝p-p(H_2O)$。假定在实验条件下，氢气服从理想气体行为，可根据气态方程式计算出摩尔气体常数 R：

$$R＝p(H_2)V(H_2)×2.016/[m(H_2)T]$$
$$m(H_2)＝m(Mg)×2.016/M(Mg)$$

式中　$M(Mg)$——Mg 的摩尔质量。所以

$$R＝p(H_2)V(H_2)M(Mg)/[m(Mg)T]$$

实验时的温度（T）和压力（p）可分别由温度计和气压计测得，氢气的物质的量（n）可以由镁的质量求得。

【仪器与试剂】

图 2-4　气体常数测定装置

1—量气管；2—漏斗；

3—试管（反应器）；4—铝片

仪器：分析天平（0.1mg），量气管，长颈漏斗，大试管，量筒（10mL），温度计，气压计，铁架台，乳胶管，砂纸，剪刀，称量纸。

试剂：镁条，稀 H_2SO_4（2.0mol·L^{-1}）。

【实验步骤】

1. 处理镁条

用砂纸清洁、除去镁条表面的氧化物与脏物，直至金属表面光亮无黑点。用分析天平或电子天平准确称取三份镁条，每份质量在 0.03g 左右（准确称至 0.0001g）。

2. 安装测定装置

如图 2-4 所示装配好测定装置。往量气管内装水至略低于"0"刻度的位置。上下移动漏斗，以赶尽附着在乳胶管和量气管内壁上的气泡，然后把反应管和量气

管用乳胶管连接好。

3. 检漏

把漏斗下移一段距离，并固定在一定位置上。如果量气管中液面只在开始时稍有下降（约 3～5min）以后即维持恒定，便说明装置不漏气。如果液面继续下降，则表明装置漏气，检查各接口是否严密。经检查与调整后，再重复试验，直至确保不漏气为止。

4. 测定

① 取下试管，如果需要的话，可以再调整一次漏斗的高度，使量气管内液面保持在略低于"0"刻度的位置。然后用一长颈漏斗将 5mL 2.0mol·L^{-1} 的稀 H_2SO_4 注入试管中，切勿使酸沾到试管壁上。用一滴水将镁条沾在试管内壁上部，确保镁条不与酸接触。装好试管，塞紧磨口塞，再一次检查装置是否漏气。

② 把漏斗移至量气管右侧，使两者的液面在同一水平面上，记录此时的量气管液面的刻度位置。

③ 把试管底部略微抬高，使镁条和 H_2SO_4 接触，这时由于反应产生的氢气进入量气管中，把管中的水压入漏斗内。为避免管内压力过大，在管内液面下降时，要随时将漏斗慢慢向下移动，使量气管内液面和漏斗中液面基本在同一平面上，以防量气管中气体压力过高，而使气体漏出。

④ 镁条反应完后，待试管冷却到室温，调节使漏斗与量气管的液面处在同一水平，记下量气管内液面位置。稍等 1～2min，再记录液面位置，如两次读数相等，表明管内气体温度已与室温一样。记下室内的温度和大气压。

用另两份已称量的镁条重复实验。将数据和计算结果整理记录于表 2-9。

表 2-9　实验数据与计算结果列表

项目　　　　　　编号	1	2	3
镁条的质量 m/g			
反应前量气管中水面读数/mL			
反应后量气管中水面读数/mL			
室温/℃			
大气压/Pa			
氢气体积/L			
室温时水的饱和蒸气压/Pa			
氢气分压/Pa			
氢气的物质的量/mol			
气体常数 R			
相对误差			

【问题与讨论】

1. 为什么必须检查实验装置是否漏气？实验中曾两次检查实验装置是否漏气，哪次相对更重要？

2. 在读取量气管液面刻度时，为什么要使漏斗和量气管两个液面在同一水平面上？

3. 若实验时称取镁条太多或太少对实验有何影响？

4. 反应用的硫酸浓度是否应严格控制？取用时是否应准确量取？

第三部分

基本原理实验

实验 7　醋酸电离度和电离平衡常数的测定

【实验目的】

1. 学会醋酸电离度和电离平衡常数的测定方法。
2. 学习使用酸度计。
3. 巩固滴定操作。

【实验原理】

醋酸（CH_3COOH 或 HAc）是弱电解质，在水溶液中存在下列电离平衡：

$$HAc + H_2O \rightleftharpoons H_3O^+ + Ac^-$$

起始浓度/mol·L^{-1}　　　　c　　　　　　0　　　　0
平衡浓度/mol·L^{-1}　　$c-c\alpha$　　　　$c\alpha$　　　$c\alpha$

若 c 为醋酸的起始浓度，α 为醋酸的电离度，$[H_3O^+]$、$[Ac^-]$、$[HAc]$ 分别为 H_3O^+、Ac^-、HAc 的平衡浓度，K_a 为醋酸的电离平衡常数，则 $[H_3O^+] = [Ac^-] = c\alpha$，$[HAc] = c(1-\alpha)$

电离度：
$$\alpha = \frac{[H_3O^+]}{c} \times 100\%$$

电离平衡常数：
$$K_a = \frac{[H_3O^+][Ac^-]}{[HAc]} = \frac{c\alpha^2}{1-\alpha} = \frac{[H_3O^+]^2}{c-[H_3O^+]}$$

已知 $pH = -\lg[H_3O^+]$，所以测定了已知浓度的醋酸溶液的 pH 值，就可求出它的电离度和电离平衡常数。

【仪器与试剂】

仪器：容量瓶（50mL），吸量管（10mL），移液管（25mL），烧杯（50mL、250mL），锥形瓶（250mL），试剂瓶（500mL），碱式滴定管（50mL），pHS-25C 型酸度计。

试剂：HAc（17.0mol·L^{-1}），NaOH 标准液（0.2000mol·L^{-1}），酚酞指示剂。

【实验步骤】

1. 0.2mol·L^{-1} 醋酸溶液的配制

取 3.0mL 17.0mol·L^{-1} 的冰醋酸于 250mL 烧杯中，加蒸馏水至刻度，转移到 500mL 的试剂瓶中待用。

2. 0.2mol·L^{-1} 醋酸溶液浓度的标定

用移液管移取 25.00mL 以上配制的醋酸溶液置于锥形瓶中，加 2~3 滴酚酞指示剂，用标准 NaOH 溶液滴定至微红色，且 0.5min 内不褪色为止。记下所用 NaOH 溶液的体积。再重复上述滴定操作两次，要求三次所消耗 NaOH 溶液的体积相差小于 0.05mL。根据 NaOH 溶液的浓度和体积，计算 HAc 溶液的准确浓度，将滴定数据和计算结果填入表 3-1 中。

表 3-1　原始醋酸溶液浓度的标定

用＿＿＿＿mol·L^{-1} NaOH 标准溶液滴定＿＿＿＿mL HAc 溶液

滴定序号		1	2	3
NaOH 标准溶液的用量/mL	初读数			
	末读数			
	实际消耗体积			
	消耗体积平均值			
HAc 溶液的准确浓度/mol·L^{-1}				

3. 配制不同浓度的醋酸溶液

分别用移液管和吸量管吸取 25.00mL、5.00mL、2.50mL 已标定准确浓度的醋酸溶液分别置于三个 50mL 容量瓶中，用蒸馏水稀释至刻度，摇匀，并计算出这三瓶醋酸溶液的准确浓度。

4. 测定不同浓度醋酸溶液的 pH 值

取稀释后和原液四种不同浓度的醋酸溶液 25mL 分别加入到 4 只洁净干燥的 50mL 烧杯中，按由稀到浓的次序在 pHS-25C 型 pH 计上分别测出它们的 pH 值，记录数据和室温。计算电离度和电离平衡常数，填入表 3-2 中。

表 3-2　醋酸电离度和电离平衡常数的测定

标准缓冲溶液的 pH ＿＿＿＿＿＿，温度＿＿＿＿＿℃

HAc 溶液编号	c	pH	[H$^+$]	α	电离平衡常数 K_a	
					测定值	平均值
1						
2						
3						
4						

注：本实验测定的 K_a 值在 $1.0 \times 10^{-5} \sim 2.0 \times 10^{-5}$ 范围内合格（文献值 1.7×10^{-5}）。

【问题与讨论】

1. 测定醋酸溶液的 pH 值时，为什么要按溶液的浓度从稀到浓的次序进行？
2. 改变所测醋酸溶液的浓度和温度，电离度和电离平衡常数有无变化？

实验 8 缓冲溶液的配制与性质

【实验目的】

1. 学习缓冲溶液的配制方法。

2. 加深对缓冲溶液性质的理解。

3. 进一步理解缓冲容量与总浓度和缓冲比的关系。

【实验原理】

缓冲溶液的特点是：当加入少量的强酸、强碱或适当稀释时，其 pH 值不发生明显的改变。它一般由弱酸（A）和它的共轭碱（B）两大组分混合而成。缓冲溶液的近似 pH 值可利用 Henderson-Hasselbalch 方程计算：

$$pH = pK_a^{\ominus} + lg\frac{[B]}{[A]} \tag{3-1}$$

式中 $K_a^{\ominus}$——弱酸的解离常数；

[A]，[B]——分别为共轭酸碱的平衡浓度。

若配制缓冲溶液所用的弱酸和它的共轭碱的原始浓度相同，则配制时所取弱酸和它的共轭碱的体积（V）的比值等于它们平衡浓度的比值，所以式（3-1）可以写成：

$$pH = pK_a^{\ominus} + lg\frac{V_B}{V_A} \tag{3-2}$$

由式（3-2）可知，若改变两者的体积之比，可得到一系列 pH 值不同的缓冲溶液。

需要指出的是，由上述两式算得的 pH 值是近似的，精确的计算应该用活度。实际应用的准确 pH 值缓冲溶液的配制，是根据有关参考书上的配方，其 pH 值是由精确的实验方法确定的（如美国国家标准局制定的配方）。

缓冲容量是衡量缓冲溶液缓冲能力大小的尺度，它的大小与缓冲溶液中缓冲溶液的总浓度和缓冲比有关。缓冲比不变时，总浓度越大，缓冲容量越大；总浓度不变时，缓冲比越接近 1∶1，缓冲容量越大。

【仪器与试剂】

仪器：酸度计，吸量管（10mL），量筒（25mL），烧杯（25mL），大试管，容量瓶（25mL）。

试剂：广泛 pH 试纸，甲基红指示剂，HAc（0.1mol·L⁻¹、1mol·L⁻¹），NaAc（0.1mol·L⁻¹、1mol·L⁻¹），NaHCO₃（0.05mol·L⁻¹），Na₂CO₃（0.05mol·L⁻¹），HCl（0.1mol·L⁻¹），HCl（pH=4.0），NaOH（0.1mol·L⁻¹），NaOH（pH=10.0）。

【实验步骤】

1. 缓冲溶液的配制

按表 3-3 所示的组成，计算配制 pH 值为 4 的缓冲溶液甲 20mL 所需各组分的体积。参考教科书，确定配制 pH 值精确至 10.00 的缓冲溶液乙 25mL 所需各组分的体积。

表 3-3　缓冲溶液的配制

缓冲溶液	pH 值	组分	所需组分体积/mL	实测 pH 值
甲 20.0mL	4.0	$0.1mol \cdot L^{-1}$ HAc		
		$0.1mol \cdot L^{-1}$ NaAc		
乙 25.0mL	10.00	$0.05mol \cdot L^{-1}$ Na_2CO_3		
		$0.05mol \cdot L^{-1}$ $NaHCO_3$		

根据表 3-3 用量，用量筒量取所需体积的 HAc 和 NaAc 于小烧杯中，配制甲缓冲溶液，然后用 pH 试纸测其 pH 值，填入表中。配制乙缓冲溶液时，用吸量管吸取所需体积的 $0.05mol \cdot L^{-1}$ Na_2CO_3 溶液于 25mL 的容量瓶中，然后用 $0.05mol \cdot L^{-1}$ $NaHCO_3$ 溶液稀释至刻度，摇匀。用酸度计准确测其 pH 值，填入表中。比较甲、乙缓冲溶液 pH 值的实测值与给出值是否相符。保留上述两种缓冲溶液，待下面实验用。

2. 缓冲溶液的性质

取 12 支大试管，3 个一组分四组标好号码。第一组用量筒各加 pH＝4.0 的盐酸 5.0mL；第二组各加甲缓冲溶液 5.0mL；第三组各加 pH＝10.0 的氢氧化钠 5.0mL；第四组各加乙缓冲溶液 5.0mL。再按表 3-4 中的用量，在各组三支试管中，分别加入强酸、强碱和蒸馏水，用广泛 pH 试纸测各试管中溶液的 pH 值，记录结果（表 3-4），说明原因。

表 3-4　缓冲溶液的 pH

试剂　　各管 pH　溶液	$0.1mol \cdot L^{-1}$ HCl（四滴）	$0.1mol \cdot L^{-1}$ NaOH（四滴）	蒸馏水（6mL）
盐酸(pH＝4.0)			
缓冲溶液甲(pH＝4.0)			
氢氧化钠(pH＝10.0)			
缓冲溶液乙(pH＝10.0)			

3. 缓冲容量

① 缓冲容量与缓冲溶液总浓度的关系。取两支大试管，在一支试管中加入 $0.1mol \cdot L^{-1}$ HAc 和 $0.1mol \cdot L^{-1}$ NaAc 各 2.5mL；另一支加入 $1.0mol \cdot L^{-1}$ HAc 和 $1.0mol \cdot L^{-1}$ NaAc 各 2.5mL，混匀。这时两管内溶液的 pH 值是否相同？两管中各加入 2 滴甲基红指示剂（pH＜4.2 呈红色，pH＞6.3 呈黄色），溶液呈何种颜色？然后分别逐滴加入 $2.0mol \cdot L^{-1}$ NaOH（每加一滴均须摇匀），直至溶液恰好变为黄色。记录各管所加 NaOH 的滴数，解释所得结果（表 3-5）。

表 3-5　实验结果记录表

缓冲溶液	加指示剂后溶液颜色	溶液恰好变为黄色需加 NaOH 的滴数
$0.1mol \cdot L^{-1}$ HAc $0.1mol \cdot L^{-1}$ NaAc		
$1mol \cdot L^{-1}$ HAc $1mol \cdot L^{-1}$ NaAc		

② 缓冲容量与缓冲组分比值的关系。取两个小烧杯，按表 3-6 所示的量，分别用量筒量取所需量的 $0.05mol \cdot L^{-1}$ NaHCO$_3$ 和 $0.05mol \cdot L^{-1}$ Na$_2$CO$_3$，配制不同缓冲比的缓冲溶液。用酸度计测其 pH 值。然后分别用吸量管吸取 $0.1mol \cdot L^{-1}$ NaOH 溶液 1.00mL 加入两个烧杯中，再测其 pH 值，将结果记录于表 3-6 中，解释原因。

表 3-6　pH 变化记录表

缓冲溶液	体积/mL	[B]/[A]	pH	加碱后 pH	ΔpH
$0.05mol \cdot L^{-1}$ NaHCO$_3$	6.0				
$0.05mol \cdot L^{-1}$ Na$_2$CO$_3$	6.0				
$0.05mol \cdot L^{-1}$ NaHCO$_3$	10.0				
$0.05mol \cdot L^{-1}$ Na$_2$CO$_3$	2.0				

【问题与讨论】

1. 用 Henderson-Hasselbalch 方程式计算的 pH 值为何是近似的？应如何校正？

2. 若把实验步骤 3.② 中的组分比从 5∶1 改为 1∶5，则加入同样量的 NaOH 后，ΔpH 值是否相同？

实验 9 胶体与吸附

【实验目的】

1. 掌握用水解法制备氢氧化铁溶胶的原理和方法。
2. 了解溶胶的稳定性和高分子化合物溶液对溶胶的保护作用。
3. 了解乳浊液的制备方法。

【实验原理】

胶体是由直径为 $1\sim100nm$ 的分散相粒子分散在分散剂中构成的多相体系。肉眼和普通显微镜看不见胶体中的粒子，整个体系是透明的。如分散相为难溶的固体，分散剂为液体，形成的胶体称为憎液溶胶。

溶胶可由两个途径获得：一是凝聚法（采用化学反应）；二是分散法。本实验中的 $Fe(OH)_3$ 溶胶由 $FeCl_3$ 水解反应制得。

胶体粒子表面具有电荷及水膜，是动力学稳定体系，但由于胶体的高度分散性，从热力学的角度看又是不稳定体系，若胶粒表面的电荷及水膜被除去，溶胶将发生聚沉。例如，向溶液中加入电解质，反离子将中和胶粒电荷而使之聚沉；若两种带相反电荷的溶胶相混合，电荷相互中和而彼此聚沉；加热会使粒子运动加剧，克服相互间的电荷斥力而聚沉。然而，若在加入电解质之前于溶胶中加入适量的高分子溶液，胶粒会受到保护而免于聚沉。

溶胶的聚沉溶解过程是不可逆的，而高分子化合物的沉淀溶解却是可逆的。

胶体粒子表面与固体表面一样，具有吸附性。吸附是一种物质自动地集中到另一种物质表面的过程。固体表面可以吸附分子，也可以吸附离子。常见的有固体在溶液中的分子吸附与离子交换吸附。分子吸附是吸附剂对非电解质或弱电解质分子的吸附，整个分子被吸附在吸附剂表面上；吸附剂自溶液中吸附某种离子的同时，有相等电量的相同电荷符号的另一种离子从吸附剂转移到溶液中，这类吸附称为离子交换吸附。

某些性质相似的成分，利用化学方法很难使它们彼此分离。如果使含有这些成分的溶液通过某种吸附剂（例如 Al_2O_3、硅胶、$CaCO_3$ 等）时，由于吸附剂对它们的吸附能力不同，这些成分就被吸附在吸附剂的不同部位，通过处理可使这些成分彼此分离。

乳状液是粗分散系，由两种互不相溶的液体组成。一般可用分散法制备，即将一种液体分散到另一种液体中振荡，可暂时形成乳状液，但这样获得的乳状液不稳定，欲使其稳定，必须加入适当的乳化剂，乳化剂通常是一种表面活性物质，如肥皂等。

【仪器与试剂】

仪器：台秤，小试管 10 支，大试管 2 支，100mL 烧杯 2 个，10mL 酒精灯 1 个，小吸管 2 支，试管架 1 个，漏斗架 1 个，石棉网 1 个，5mL 量筒 1 个，漏斗 2 个，细玻管 1 根，毛细管，脱脂棉。

试剂：$K_4[Fe(CN)_6]$（$3mol \cdot L^{-1}$），NH_4Cl（$0.001mol \cdot L^{-1}$），$(NH_4)_2C_2O_4$（饱和），$NaCl$（$0.02mol \cdot L^{-1}$），Na_2SO_4（$0.01mol \cdot L^{-1}$），$NaCl$（$4mol \cdot L^{-1}$），$FeCl_3$（20%，$0.01mol \cdot L^{-1}$），白明胶溶液（1%），品红溶液（0.01%），乙醇（95%、50%），奈斯勒试剂，

活性炭，滤纸，土样，菜油，肥皂水，蛋白质的稀溶液，饱和硫酸铵溶液，染料混合液，Fe^{3+}、Cu^{2+}、Co^{2+}混合液，Al_2O_3粉末。

【实验步骤】

1. $Fe(OH)_3$溶胶制备及辨别

（1）制备$Fe(OH)_3$溶胶

在小烧杯中加入50mL蒸馏水，盖上表面皿，用酒精灯再加热至沸，往沸水中逐滴加入20% $FeCl_3$溶液2mL，并搅拌之，继续煮沸1~2 min，观察颜色变化，写出反应式（此溶胶冷却后留作下面实验用）。

（2）$Fe(OH)_3$溶胶与$FeCl_3$溶液的区别

取二支试管，一支试管中加入2mL $Fe(OH)_3$溶胶，另一支试管加入1mL 0.01mol·L^{-1} $FeCl_3$及1mL蒸馏水（观察两试管颜色有何不同，为什么？），再在二支试管中分别加入1~2滴3 mol·L^{-1}的$K_4[Fe(CN)_6]$溶液，观察现象，解释之。

2. 电解质对溶胶的凝聚作用

取二支试管，各加入$Fe(OH)_3$溶胶2mL，然后在一支试管中逐滴加0.01mol·L^{-1} Na_2SO_4溶液，边加边摇并注意观察，直到溶胶呈现浑浊[$Fe(OH)_3$溶胶发生明显聚沉]，记录所加滴数；在另一支试管中如上法滴加4mol·L^{-1} NaCl溶液（滴加过程中可用水浴微热），记录滴数。解释产生上述现象的原因。

3. 高分子溶液对胶体的保护作用

取二支试管，各加入已制备好的$Fe(OH)_3$溶胶2mL，然后在一试管中加水10滴，另一支试管中加入1%白明胶10滴，摇匀后各加入0.01 mol·L^{-1} Na_2SO_4溶液5滴，放置片刻，观察变化是否相同，试说明原因。

4. 高分子化合物溶液的盐析

取2mL蛋白质（或明胶）溶液于试管中，加同体积的饱和硫酸铵溶液（约43%），将混合液稍加振荡，析出蛋白质沉淀（呈浑浊或絮状），将1mL浑浊的液体倾入另一支试管中，加入1~3mL水振荡，蛋白质沉淀又重新溶解。

5. 分子吸附现象

取一支试管，加入5mL 0.01%品红溶液，再加入少许活性炭，充分摇动后过滤，滤液接入一小试管中，观察其颜色。在滤纸上的活性炭中加入3mL酒精冲洗；另换一支干净小试管接取滤液，观察酒精滤液颜色有何变化，为什么？

6. 土壤保肥性能的实验

取0.001mol·L^{-1} NH_4Cl溶液2mL，加入奈斯勒试剂2滴，由于NH_4^+与奈斯勒试剂反应而产生棕红色沉淀。

$$NH_4^+ + 2[HgI_4]^{2-} + 4OH^- \longrightarrow [Hg_2ONH_2]I\downarrow(红棕色) + 7I^- + 3H_2O$$

再称取土壤2g左右，置于100mL烧杯中，加入0.001 mol·L^{-1} NH_4Cl溶液4mL，用力摇动片刻后用双层滤纸过滤，将滤液置于小试管中，加入奈斯勒试剂2滴，观察溶液中沉淀的生成情况。与上面实验结果进行比较，说明产生差别的原因。

7. 阳离子交换吸附能力的比较

称土壤2份各2g，分别置于2个100mL烧杯中，将其中1份加入0.02 mol·L^{-1} NaCl

溶液 5mL，另一份加入 0.01 mol·L^{-1} FeCl$_3$ 溶液 5mL，在同样情况下同时摇动 3～5 min，然后分别过滤于二支小试管中，各加 2～4 滴饱和（NH$_4$）$_2$C$_2$O$_4$ 溶液，观察哪支试管生成的沉淀较多。从实验结果可以判断土壤中被代换出来的 Ca^{2+} 多少，比较 Fe^{3+} 和 Na$^+$ 的代换能力。

8. 吸附分离

（1）滤纸法

取一条滤纸（长约 10 cm，宽约 1 cm）在下端约 3 cm 处用毛细管点样品溶液（染料混合液：品红、甲基蓝、甲基橙）呈一直径为 1.5 cm 左右的色斑，将滤纸悬挂在盛有 50％酒精约 20mL 的 50mL 量筒中，使滤纸下端恰好浸在酒精中（切勿将色斑浸于酒精中），数分钟后可发现，越易被吸附的成分，随酒精的扩散越慢，存留在滤纸下方；较难被吸附的成分随酒精扩散快，停留在滤纸上方。

（2）柱形法

取长约 5 cm 的玻管，底端用脱脂棉塞好，装入 Al$_2$O$_3$ 粉末（约 2 cm），并用玻棒压紧使吸附柱内没有空隙，然后滴 Fe^{3+}、Cu^{2+}、Co^{2+} 混合液 3～4 滴，稍后，观察颜色分层情况。

9. 乳状液的制备

在一个带塞的试管中，加入 2 滴菜油，再加入 2mL 水，塞好塞子用力摇动，当摇动停止后，油与水立即分层，若加入 2mL 肥皂水（乳化剂），再用力摇动使之形成乳状液。

【问题与讨论】

1. 若把 FeCl$_3$ 溶液加入到冷水中，能否制得 Fe(OH)$_3$ 胶体溶液？为什么？

2. 怎样使溶胶聚沉，不同电解质对溶胶的聚沉作用有何不同？

3. 什么叫吸附？什么叫离子交换吸附？试用离子交换吸附说明土壤保肥性能，供肥的作用原理。离子交换吸附在生产实践中有何意义？

实验 10　化学反应速率和活化能的测定

【实验目的】

1. 了解浓度、温度和催化剂对化学反应速率的影响。

2. 测定过二硫酸钾与碘化钾反应的反应速率，并计算反应级数、反应速率常数和反应的活化能，练习实验数据的处理和作图方法。

【实验原理】

1. 化学反应速率方程及反应级数

在水溶液中过二硫酸钾与碘化钾发生如下反应：

$$K_2S_2O_8 + 3KI \longrightarrow 2K_2SO_4 + KI_3$$

$$S_2O_8^{2-} + 3I^- \longrightarrow 2SO_4^{2-} + I_3^- \tag{3-3}$$

其反应速率 v 根据速率方程可表示为：

$$v = kc^m(S_2O_8^{2-})c^n(I^-)$$

式中，v 是在此条件下反应的瞬时速率。若 $c(S_2O_8^{2-})$、$c(I^-)$ 是起始浓度，则 v 表示起始速率。k 是速率常数，m 与 n 之和是反应级数。

2. 化学反应速率测定

实验能测定的速率是在一段时间（Δt）内反应的平均速率 $\bar{v}$。如果在 Δt 时间内 $S_2O_8^{2-}$ 浓度的改变为 $\Delta c(S_2O_8^{2-})$，则平均速率为：

$$\bar{v} = \frac{-\Delta c(S_2O_8^{2-})}{\Delta t}$$

近似地用平均速率代替起始速率：

$$v = \frac{-\Delta c(S_2O_8^{2-})}{\Delta t} = kc^m(S_2O_8^{2-})c^n(I^-)$$

为了测出 Δt 时间内 $S_2O_8^{2-}$ 的浓度变化量，需要在混合 $K_2S_2O_8$ 溶液和 KI 溶液的同时，加入一定体积已知浓度的 $Na_2S_2O_3$ 溶液和淀粉溶液，这样在反应式(3-3)进行的同时还进行下面的反应：

$$2S_2O_3^{2-} + I_3^- \longrightarrow S_4O_6^{2-} + 3I^- \tag{3-4}$$

这个反应进行得非常快，几乎瞬间完成，而反应式(3-3)比反应式(3-4)慢得多。因此，由反应式(3-3)生成的 I_3^- 立即与 $S_2O_3^{2-}$ 反应，生成无色的 $S_4O_6^{2-}$ 和 I^-。所以在反应的开始阶段看不到碘与淀粉反应而显示的特有蓝色。当体系中的 $Na_2S_2O_3$ 一旦耗尽，反应式(3-3)继续生成的 I_3^- 就与淀粉反应而呈现出特有的蓝色。

由于从反应开始到蓝色出现标志着 $S_2O_3^{2-}$ 全部耗尽，所以从反应开始到出现蓝色这段时间 Δt 里，$S_2O_3^{2-}$ 浓度的改变 $\Delta c(S_2O_3^{2-})$ 实际上就是 $Na_2S_2O_3$ 的起始浓度。

从反应式 (3-3) 和 (3-4) 可以看出，$S_2O_8^{2-}$ 浓度减少量为 $S_2O_3^{2-}$ 浓度减少量的一半，所以 $S_2O_8^{2-}$ 在 Δt 时间内浓度减少量可以从下式求得。

$$\Delta c(S_2O_8^{2-}) = \frac{c(S_2O_3^{2-})}{2}$$

对反应速率方程 $v = kc^m(S_2O_8^{2-})c^n(I^-)$ 两边取对数，得

$$\lg v = \lg k + m\lg c(S_2O_8^{2-}) + n\lg c(I^-)$$

同一温度下，固定 $c(I^-)$，改变 $c(S_2O_8^{2-})$ 求出一系列反应速率 v，以 $\lg v$ 对 $\lg c(S_2O_8^{2-})$ 作图，可得一直线，斜率即为 m。同理，固定 $c(S_2O_8^{2-})$，以 $\lg v$ 对 $\lg c(I^-)$ 作图得一直线，斜率为 n。将 m、n 和任意一次实验的一组反应物的初始浓度值代入反应速率方程，就可求得反应速率常数 k。

3. 化学反应活化能

根据阿伦尼乌斯公式：

$$E_a = 2.303R\frac{T_1T_2}{T_2-T_1}\lg\frac{k_2}{k_1}$$

测不同温度下的 k 值，可求得活化能 E_a。

【仪器与试剂】

仪器：量筒（10mL），吸量管（5mL、10mL），温度计（0～100℃），烧杯（100mL、50mL），秒表，恒温水浴锅。

试剂：$K_2S_2O_8$（0.10mol·L^{-1}），KI（0.10mol·L^{-1}），NaS_2O_3（0.0050mol·L^{-1}）（上述试剂的浓度均要准确，且需新配制的），K_2SO_4（0.10mol·L^{-1}），0.4%淀粉溶液，$Cu(NO_3)_2$（0.020mol·L^{-1}），KNO_3（0.10mol·L^{-1}），冰。

【实验步骤】

1. 浓度对化学反应速率的影响

在室温下进行表3-7中编号1的实验。分别用吸量管量取 10.00mL 0.10mol·L^{-1} KI 溶液、4.00mL 0.0050mol·L^{-1} $Na_2S_2O_3$ 溶液，用量筒量取 1.0mL 0.4%淀粉溶液置于100mL 烧杯中混匀。然后用量筒量取 10.0mL 0.10mol·L^{-1} $K_2S_2O_8$ 溶液，迅速倒入上述混合液中，同时启动秒表，并不断搅动，注意观察溶液的颜色变化。当溶液刚出现蓝色时，立即按停秒表，记录反应时间和室温。用同样方法按照表3-7的用量进行编号2，3，4，5的实验。根据以上实验结果，计算反应级数和反应速率常数。将结果填入表3-7。

2. 温度对化学反应速率的影响

按表3-7中实验编号4的药品用量，将装有 KI、$Na_2S_2O_3$、KNO_3 和淀粉混合溶液的烧杯和装有 $K_2S_2O_8$ 溶液的小烧杯，放入冰水浴中冷却，待它们的温度冷却到低于室温10.0℃时，将 $K_2S_2O_8$ 溶液迅速加到 KI 等混合溶液中，同时计时并不断搅拌，当溶液刚出现蓝色时，记录反应时间。

在高于室温10.0℃的条件下，重复上述实验，记录反应时间。

根据此两次实验数据和实验4的数据，可求出不同温度下的 k 值，计算出反应的活化能 E_a。将结果填入表3-8。

3. 催化剂对化学反应速率的影响

按表3-7中实验编号4的用量，把 KI、$Na_2S_2O_3$、KNO_3 和淀粉溶液加到100mL 烧杯中，再加入2滴 0.020mol·L^{-1} $Cu(NO_3)_2$ 溶液，搅匀，然后迅速加入 $K_2S_2O_8$ 溶液，搅

动、计时。将此实验的反应速率与表 3-7 中实验 4 的反应速率进行比较，可得出什么结论？将结果填入表 3-9。

表 3-7　浓度对反应速率的影响　　　　　　　　　　室温＿＿＿＿＿℃

实　验　编　号		1	2	3	4	5
试剂用量 /mL	$0.10mol \cdot L^{-1}$ $K_2S_2O_8$	10.0	5.0	2.5	10.0	10.0
	$0.10mol \cdot L^{-1}$ KI	10.00	10.00	10.00	5.00	2.50
	$0.0050mol \cdot L^{-1}$ $Na_2S_2O_3$	4.00	4.00	4.00	4.00	4.00
	0.4% 淀粉溶液	1.0	1.0	1.0	1.0	1.0
	$0.10mol \cdot L^{-1}$ KNO_3	0	0	0	5.00	7.50
	$0.10mol \cdot L^{-1}$ K_2SO_4	0	5.00	7.50	0	0
25mL 混合液中 反应物的 起始浓度 $/mol \cdot L^{-1}$	$K_2S_2O_8$					
	KI					
	$Na_2S_2O_3$					
反应时间 $\Delta t/s$						
反应速率 v						
$\lg v$						
$\lg[S_2O_8^{2-}]$						
$\lg[I^-]$						
m						
n						
反应速率常数 k						
反应速率常数平均值 $\bar{k}$						

表 3-8　温度对化学反应速率的影响

实验编号	4	6	7
反应温度/℃			
反应时间 $\Delta t/s$			
反应速率 v			
反应速率常数 k			
$\lg k$			
$1/T$			
活化能 $E_a/kJ \cdot mol^{-1}$			

注：本实验活化能测定值的误差不超过 10%（文献值：$51.8kJ \cdot mol^{-1}$）。

表 3-9　催化剂对化学反应速率的影响

实验编号	4	8
加入 $0.02mol \cdot L^{-1}$ $Cu(NO_3)_2$ 的滴数		
反应温度/℃		
反应时间 $\Delta t/s$		
反应速率 v		

【注意事项】

1. 量筒和吸量管贴好标签专用,试剂瓶盖不能张冠李戴。

2. 加入 $K_2S_2O_8$ 溶液时要迅速,必须同时启动秒表。

3. 加试剂时一定要注意试剂瓶和量器的标签是否一致,各种试剂的量一定要准确,尤其 NaS_2O_3 溶液的体积。

【问题与讨论】

1. 下列操作情况对实验结果有何影响?

① 取用六种试剂的量筒没有分开专用。

② 先加 $K_2S_2O_8$ 溶液,最后加 KI 溶液。

③ $K_2S_2O_8$ 溶液缓慢加入 KI 等混合溶液中。

2. 为什么根据反应溶液出现蓝色的时间长短来计算反应速率?反应溶液出现蓝色时反应是否停止了?

3. 本实验中 NaS_2O_3 的用量过多或过少,对实验结果有何影响?

实验 11　配位化合物

【实验目的】

1. 了解配离子与简单离子的区别。

2. 比较配离子的相对稳定性，了解配位平衡与沉淀反应、氧化还原反应和溶液酸度的关系。

3. 了解螯合物的形成。

【实验原理】

1. 配位化合物的性质

配合物一般可分为内界和外界两个部分。中心原子（离子）和配体组成配合物的内界（即配位个体），它几乎已经失去了中心原子原有的性质；与内界带有相反电荷的离子处于外界，它们仍保留着原有的性质。中心原子形成配位个体后，其性质就会发生改变，如颜色、溶解度、氧化性和还原性等发生变化。

2. 配位平衡

配离子在水溶液中存在配位-解离平衡。例如，$[Ag(NH_3)_2]^+$ 在溶液中存在下述平衡：

$$Ag^+ + 2NH_3 \rightleftharpoons [Ag(NH_3)_2]^+$$

当达到平衡时：

$$K_{s\ [Ag(NH_3)_2]^+}^{\ominus} = \frac{[Ag(NH_3)_2^+]}{[Ag^+][NH_3]^2}$$

式中，$K_{s\ [Ag(NH_3)_2]^+}^{\ominus}$ 为 $[Ag(NH_3)_2]^+$ 的稳定常数。不同的配离子具有不同的稳定常数，对于配体个数相同的配离子，稳定常数越大，配离子就越稳定。

根据平衡移动原理，改变中心原子或配体的浓度，会使配位平衡发生移动。加入某些沉淀剂、改变溶液的浓度或改变溶液的酸度等，配位平衡都会发生移动。

3. 螯合物

螯合物是由中心原子与多齿配体形成的具有环状结构的配合物。许多金属离子所形成的螯合物具有特征的颜色，且难溶于水，而易溶于有机溶剂中。

例如，丁二酮肟在弱碱性条件下与 Ni^{2+} 生成鲜红色难溶于水的螯合物：

鲜红色

这一反应是检验 Ni^{2+} 的特征反应。

【仪器与试剂】

仪器：试管，试管架，试管刷。

试剂：$CuSO_4$（$0.10mol \cdot L^{-1}$），$NH_3 \cdot H_2O$（$2.0mol \cdot L^{-1}$，$0.10mol \cdot L^{-1}$），无水乙醇，$NiSO_4$（$0.20mol \cdot L^{-1}$），$BaCl_2$（$0.10mol \cdot L^{-1}$），$NaOH$（$0.10mol \cdot L^{-1}$），$FeCl_3$（$0.10mol \cdot L^{-1}$），$KSCN$（$4.0mol \cdot L^{-1}$，$0.10mol \cdot L^{-1}$），$K_3[Fe(CN)_6]$（$0.10mol \cdot L^{-1}$），$AgNO_3$（$0.10mol \cdot L^{-1}$），KBr（$0.10mol \cdot L^{-1}$），$Na_2S_2O_3$（$0.10mol \cdot L^{-1}$），$CoCl_2$（$0.10mol \cdot L^{-1}$），H_2SO_4（$2.0mol \cdot L^{-1}$），$EDTA$（$0.10mol \cdot L^{-1}$）。

【实验步骤】

1. 配离子的生成和配合物的组成

① 在一支试管中加入约 1.0mL $0.10mol \cdot L^{-1}$ $CuSO_4$ 溶液，再逐滴滴入 $2.0mol \cdot L^{-1}$ $NH_3 \cdot H_2O$ 溶液，观察有无变化？写出反应方程式。取出约 1.0mL 溶液，加入另一支试管中，然后再向试管中加入 1.0mL 无水乙醇，又有什么现象发生？解释这种现象。

② 在两支试管中各加入约 1.0mL $0.20mol \cdot L^{-1}$ $NiSO_4$ 溶液，然后分别加入少量 $0.10mol \cdot L^{-1}$ $BaCl_2$ 溶液和 $0.10mol \cdot L^{-1}$ $NaOH$ 溶液。观察现象，写出反应方程式。另取一支试管，加入约 2.0mL $0.20mol \cdot L^{-1}$ $NiSO_4$ 溶液，再逐滴滴加 $2.0mol \cdot L^{-1}$ $NH_3 \cdot H_2O$ 溶液，边滴边振荡，待生成的沉淀完全溶解后，把溶液分装在两个试管中，分别加入少量 $0.10mol \cdot L^{-1}$ $BaCl_2$ 溶液和 $0.10mol \cdot L^{-1}$ $NaOH$ 溶液。观察现象，写出反应方程式，并解释所观察到的现象。

③ 在试管中滴入 10 滴 $0.10mol \cdot L^{-1}$ $FeCl_3$ 溶液，然后滴加少量 $0.10mol \cdot L^{-1}$ $KSCN$ 溶液。观察现象，写出反应方程式。用 $0.10mol \cdot L^{-1}$ $K_3[Fe(CN)_6]$ 溶液代替 $FeCl_3$ 溶液，按上述方法进行同样的实验。观察现象，并解释之。

2. 配离子稳定性的比较

在两支试管中各加入 2 滴 $0.10mol \cdot L^{-1}$ $AgNO_3$ 溶液，再各滴入 5 滴 $0.10mol \cdot L^{-1}$ KBr 溶液，观察浅黄色 $AgBr$ 沉淀的生成。然后在一支试管中滴加 $0.10mol \cdot L^{-1}$ $Na_2S_2O_3$ 溶液，边滴加边振荡，直至沉淀恰好溶解。另一支试管中滴加相同体积的 $0.10mol \cdot L^{-1}$ $NH_3 \cdot H_2O$ 溶液，观察沉淀是否溶解。并加以解释。

3. 配位平衡的移动

① 在一支试管中加入 1 滴 $0.10mol \cdot L^{-1}$ $FeCl_3$ 溶液，再加入 1 滴 $0.10mol \cdot L^{-1}$ $KSCN$ 溶液，加 10.0mL 水稀释后，将溶液分成 3 份。第一份加入 5 滴 $0.10mol \cdot L^{-1}$ $FeCl_3$ 溶液；第二份中加入 5 滴 $0.10mol \cdot L^{-1}$ $KSCN$ 溶液；第三份留作比较。观察现象，比较实验结果，并加以解释。

② 在一支试管中加入 10 滴 $0.10mol \cdot L^{-1}$ $CoCl_2$ 溶液，滴加 10 滴 $0.10mol \cdot L^{-1}$ $KSCN$ 溶液，观察溶液有何变化。逐滴滴加 $4.0mol \cdot L^{-1}$ $KSCN$ 溶液，观察生成的蓝紫色溶液（生成$[Co(SCN)_4]^{2-}$）。然后加水稀释，观察颜色有何变化？解释以上实验现象。

③ 在一支试管中加入 1.0mL $0.10mol \cdot L^{-1}$ $CuSO_4$ 溶液，再滴加 $2.0mol \cdot L^{-1}$ $NH_3 \cdot H_2O$ 溶液至生成的沉淀恰好溶解为止，观察溶液的颜色。然后将此溶液加水稀释，观察沉淀又重新生成。解释上述现象。

④ 在一支试管中按上面实验方法制取$[Cu(NH_3)_4]^{2+}$溶液，然后滴加 $2.0mol \cdot L^{-1}$ H_2SO_4 溶液，观察现象，并加以解释。

4. 螯合物的生成

取两支试管，在一支试管中滴加 10 滴$[Fe(SCN)_6]^{3-}$溶液（自己制备），在另一支试管中滴加 10 滴$[Cu(NH_3)_4]^{2+}$溶液（自己制备），然后分别向两支试管中滴加 $0.10mol \cdot L^{-1}$ EDTA 溶液。各有什么现象发生？解释所产生的现象。

【问题与讨论】

1. 举例说明配离子和简单离子的颜色、离子浓度、溶解度、氧化性、还原性等性质上的区别。

2. 总结本实验中所观察到的现象，说明有哪些因素影响配位平衡？

3. 本实验中所用到的 EDTA 是什么物质？它与金属离子所形成的配离子有何特点？

实验 12   沉淀溶解平衡

【实验目的】

1. 掌握沉淀溶解平衡及溶度积原理的应用。
2. 掌握沉淀的溶解和转化的条件。
3. 掌握离心分离的原理及离心机的使用方法。

【实验原理】

1. 溶度积常数

一定温度下，难溶电解质的饱和溶液中，难溶盐的固体与其溶入溶液中的离子之间存在下列平衡：

$$A_m B_n \Longleftrightarrow m A^{n+} + n B^{m-}$$

溶液中离子浓度幂的乘积为一常数，称为溶度积常数，即 K_{sp}

$$K_{sp} = [A^{n+}]^m [B^{m-}]^n$$

2. 溶度积规则

溶度积规则是判断难溶电解质在溶液中能否生成沉淀的准则。以 Q_i 表示离子积，K_{sp} 表示溶度积，则有：

$Q_i > K_{sp}$ 时，溶液中有沉淀析出，直至溶液饱和。

$Q_i = K_{sp}$ 时，溶液为饱和溶液。

$Q_i < K_{sp}$ 时，溶液无沉淀析出。

任何难溶电解质，其饱和水溶液中总有达成溶解平衡的离子。不同难溶电解质的溶解能力不同，它们的 K_{sp} 也不同。

如果溶液中同时含有几种离子，加入的沉淀剂与溶液中几种离子都能发生沉淀反应时，则沉淀的先后顺序将由各离子浓度及产生沉淀的 K_{sp} 决定，首先满足沉淀条件的组分先形成沉淀，这一现象称分步沉淀。

通过测定某一难溶电解质饱和溶液中各离子浓度，可求得该难溶电解质的溶度积。

$Mg(OH)_2$ 的溶度积常数为

$$K_{sp}[Mg(OH)_2] = [Mg^{2+}][OH^-]^2$$

根据溶度积规则，要使沉淀溶解，必须设法减小难溶电解质饱和溶液中有关离子的浓度，使 $Q_i < K_{sp}$。

【仪器与试剂】

仪器：离心机（公用），离心试管（10mL），吸量管（1mL），刻度试管（5mL，10mL），量筒（10mL），烧杯（50mL），试管架，滴管，吸耳球。

试剂：$Pb(NO_3)_2$（$0.10 mol \cdot L^{-1}$），KI（$0.10 mol \cdot L^{-1}$），NaCl（$0.10 mol \cdot L^{-1}$），K_2CrO_4（$0.10 mol \cdot L^{-1}$），$AgNO_3$（$0.10 mol \cdot L^{-1}$），饱和 PbI_2，Na_2S（$0.10 mol \cdot L^{-1}$），$MgCl_2$（$0.10 mol \cdot L^{-1}$），$NH_3 \cdot H_2O$（$2.0 mol \cdot L^{-1}$），HCl（$2.0 mol \cdot L^{-1}$），NaCl（$1.0 mol \cdot L^{-1}$），饱和 NH_4Cl。

【实验步骤】

1. 溶度积规则的应用

① 在试管中加入 1.0mL 0.10mol·L^{-1} Pb(NO$_3$)$_2$ 溶液，再加 1.0mL 0.10mol·L^{-1} KI 溶液，观察有无沉淀生成，试用溶度积规则进行解释。

② 在 50mL 烧杯加入 1 滴 0.10mol·L^{-1} Pb(NO$_3$)$_2$ 溶液，加入 10.0mL 蒸馏水稀释后，再逐滴加入 0.10mol·L^{-1} KI 溶液进行上面的实验，有无沉淀生成？试用溶度积规则进行解释。

③ 在试管中加入 0.10mol·L^{-1} NaCl 溶液 3 滴和 0.10mol·L^{-1} K$_2$CrO$_4$ 溶液 5 滴。然后边振荡试管，边逐滴加入 0.10mol·L^{-1} AgNO$_3$ 溶液，观察沉淀的颜色，试用溶度积规则进行解释。

2. 同离子效应

在试管中加入饱和 PbI$_2$ 溶液 1.0mL，然后逐滴加入 0.10mol·L^{-1} KI 溶液，振荡试管，观察有何现象，说明原因。

3. 分步沉淀

在试管中滴入 1 滴 0.10mol·L^{-1} Na$_2$S 溶液和 5 滴 0.10mol·L^{-1} K$_2$CrO$_4$ 溶液，用蒸馏水稀释至 5.0mL，然后逐滴加入 0.10mol·L^{-1} Pb(NO$_3$)$_2$ 溶液，观察首先生成沉淀的颜色。待沉淀沉降后，继续向上清液中滴加 0.10mol·L^{-1} Pb(NO$_3$)$_2$ 溶液，会出现什么颜色的沉淀？试用溶度积原理解释上述现象。

4. 沉淀的溶解

在两支试管中分别加入 5 滴 0.10mol·L^{-1} MgCl$_2$ 溶液，并逐滴加入 2.0mol·L^{-1} NH$_3$·H$_2$O 溶液至有白色 Mg(OH)$_2$ 沉淀生成，然后再向第一支试管滴加 2.0mol·L^{-1} HCl 溶液，向第二支试管中滴加饱和 NH$_4$Cl 溶液，观察两支试管中的反应现象？写出有关化学方程式。

5. 沉淀的转化

在离心试管中滴入 5 滴 0.10mol·L^{-1} Pb(NO$_3$)$_2$ 溶液和 3 滴 1.0mol·L^{-1} NaCl 溶液，振荡离心试管，待沉淀完全后，离心分离，然后向沉淀中滴加 3 滴 0.10mol·L^{-1} KI 溶液，观察沉淀颜色的变化。说明原因，并写出有关的化学反应方程式。

【问题与讨论】

1. 沉淀溶解的条件是什么？可采用的方法有哪些？

2. AgCl 的 K_{sp}（1.8×10^{-10}）大于 Ag$_2$CrO$_4$ 的 K_{sp}（1.1×10^{-12}），若溶液中 [Cl$^-$] 和 [CrO$_4$$^{2-}$] 均为 0.1mol·L^{-1}，问加入 AgNO$_3$ 时，何者先沉淀？

3. Ag$_2$CO$_3$、Ag$_3$PO$_4$、Ag$_2$S 沉淀能否溶于 HNO$_3$，为什么？

实验 13　沉淀滴定法测定可溶性氯化物中的氯含量

【实验目的】

1. 掌握三种银量法测定氯化物中氯含量的原理与方法。

2. 掌握三种银量法滴定条件的控制及根据沉淀颜色的变化确定滴定终点。

【实验原理】

利用沉淀滴定法测定氯化物中氯含量，有莫尔法、福尔哈德法和法扬司法三种。

1. 莫尔法

测定 Cl^- 时，在中性或弱碱性溶液中以 $K_2Cr_2O_4$ 作指示剂，以 $AgNO_3$ 标准溶液滴定 Cl^-，$AgCl$ 定量沉淀完全后，过量的 1 滴 $AgNO_3$ 溶液即与 CrO_4^{2-} 生成砖红色的 Ag_2CrO_4 沉淀而指示终点：

$$Ag^+ + Cl^- == AgCl\downarrow(白色，K_{sp}=1.6\times10^{-10})$$

$$2Ag + CrO_4^{2-} == Ag_2CrO_4\downarrow(砖红色，K_{sp}=9.0\times10^{-12})$$

莫尔法应注意酸度和指示剂用量对滴定的影响。

2. 福尔哈德法

测 Cl^- 时，在酸性被测物溶液中，加入一定量 $AgNO_3$ 标准溶液，以铁铵钒作指示剂，再用 NH_4SCN 标准溶液滴定剩余量的 $AgNO_3$ 标准溶液，过量的 1 滴 SCN^- 与 Fe^{3+} 形成红色配合物，指示终点到达：

计量点前：

$$Cl^- + Ag^+(过量) == AgCl\downarrow(白色)$$

$$Ag^+(余) + SCN^- == AgSCN\downarrow(白色)$$

计量点：

$$SCN^- + Fe^{3+} == [Fe(SCN)]^{2+}(红色)$$

3. 法扬司法

用荧光黄等吸附指示剂时，计量点前，$AgCl$ 沉淀吸附 Cl^- 带负电荷 $[(AgCl)Cl^-]$，而不吸附同样带负电荷的荧光黄阴离子，溶液呈黄绿色；稍过计量点，溶液中 Ag^+ 过剩，沉淀吸附 Ag^+ 而带正电荷，同时吸附荧光黄阴离子 $[(AgCl)Ag^+Fl^-]$，这时溶液由黄绿色变成淡红色，指示终点到达。

法扬司法应注意溶液酸度（荧光黄的 $K_a=10^{-7}$，故溶液酸度应控制在 pH＝7～10），加入糊精或淀粉作保护胶体，操作时注意避光。

【仪器与试剂】

仪器：台秤，滴定管，锥形瓶，烧杯，容量瓶。

试剂：$0.1mol\cdot L^{-1}$ $AgNO_3$（称取 8.5g $AgNO_3$ 于小烧杯中，加水溶解后转到棕色试剂瓶中，稀释到 500mL）；5% $K_2Cr_2O_4$ 指示剂（5g $K_2Cr_2O_4$ 溶于 100mL 水中）；0.1% 荧光黄溶液（0.1g 荧光黄溶于 10mL $1mol\cdot L^{-1}$ $NaOH$ 溶液中，用 $0.1mol\cdot L^{-1}$ HNO_3 溶液中和

至中性，用试纸检验，用水稀释至 100mL）；0.1mol·L^{-1} NH$_4$SCN 溶液（称取约 3g NH$_4$SCN溶解后稀释至 400mL）。

基准 NaCl，0.1%糊精溶液，铁铵矾饱和溶液，NHO$_3$（6mol·L^{-1}）。

【实验步骤】

1. 0.1mol·L^{-1} AgNO$_3$ 标准溶液的标定

准确称取基准 NaCl 0.12～0.18g，加入 50mL 蒸馏水，溶解后，加入 K$_2$Cr$_2$O$_4$ 指示剂 1mL，用 AgNO$_3$ 标准溶液滴定至溶液中呈砖红色沉淀即为终点，平行测定 2～3 次。计算 AgNO$_3$ 溶液的浓度。

2. 0.1mol·L^{-1} NH$_4$SCN 标准溶液的标定

准确移取 0.1mol·L^{-1} AgNO$_3$ 标准溶液 25.00mL 于锥形瓶中，加入 6mol·L^{-1} HNO$_3$ 溶液 5mL 和 1mL 铁铵矾指示剂，用 NH$_4$SCN 标准溶液在不断振摇下滴定，至溶液出现稳定的淡红色即为终点。平行测定 2～3 次。计算 NH$_4$SCN 标准溶液的浓度。

3. 可溶性氯化物试液的制备

准确称取 1.2～1.5g 氯化物试样于小烧杯中，加水溶解后，定量转移至 250mL 容量瓶中。

4. 可溶性氯化物中氯的测定（莫尔法）

准确移取上述氯化物试液 25.00mL，加入 20mL 水，5% K$_2$Cr$_2$O$_4$ 1mL，边剧烈摇动边用 AgNO$_3$ 标准溶液滴定至溶液呈现砖红色沉淀，平行测定 2～3 次。

5. 可溶性氯化物中氯的测定（法扬司法）

准确移取上述氯化物试液 25.00mL，加 10 滴荧光黄指示剂、10mL 糊精溶液，摇匀后，用 AgNO$_3$ 标准溶液滴定至溶液由黄绿色变为粉红色沉淀即为终点，平行测定 2～3 次。

6. 可溶性氯化物中氯的测定（福尔哈德法）

准确移取上述氯化物试液 25.00mL，加水 25.00mL，加 6mol·L^{-1} 新煮沸并冷却的 HNO$_3$ 5mL，在不断摇动下由滴定管中加入 AgNO$_3$ 标准溶液约 30mL（要准确读数），再加入 1mL 铁铵矾指示剂，用 NH$_4$SCN 标准溶液滴定过量的 Ag$^+$ 至溶液出现稳定的浅红色，即为终点，平行测定 2～3 次。

【实验结果与数据处理】

1. 莫尔法

$$w_{Cl} = \frac{(cV)_{AgNO_3} \cdot M_{Cl} \times 10^{-3}}{m \times \frac{25}{250}} \times 100\%$$

2. 法扬司法

$$w_{Cl} = \frac{(cV)_{AgNO_3} \cdot M_{Cl} \times 10^{-3}}{m \times \frac{25}{250}} \times 100\%$$

3. 福尔哈德法

$$w_{Cl} = \frac{[(cV)_{AgNO_3} - (cV)_{NH_4SCN}] \cdot M_{Cl} \times 10^{-3}}{m \times \frac{25}{250}} \times 100\%$$

【问题与讨论】

1. 莫尔法测定氯时，对 $K_2Cr_2O_4$ 指示剂的用量有何要求？

2. 为什么福尔哈德法测定 Cl^- 比测定 Br^-、I^- 引入误差的机会大？

3. 法扬司法中，应如何控制溶液酸度？

实验 14　氧化还原反应

【实验目的】

1. 加深理解温度、反应物浓度对氧化还原反应速率的影响。

2. 加深理解电极电势与氧化还原反应的关系。

3. 了解介质对氧化还原反应产物的影响。

4. 掌握物质浓度对电极电势的影响。

5. 学习用 pHS-25C 型酸度计的 mV 部分粗略测量原电池电动势的方法。

【实验原理】

本实验采用 pHS-25C 型酸度计的 mV 部分测量原电池的电动势。原电池电动势的精确测量常用电位差计，而不能用一般的伏特计。因为伏特计与原电池接通后，有电流通过伏特计引起原电池发生氧化还原反应。另外，由于原电池本身有内阻，放电时产生内压降。伏特计所测得的端电压，仅是外电路的电压，而不是原电池的电动势。当用 pHS-25C 型酸度计与原电池接通后，由于酸度计的 mV 部分有高阻抗，使测量回路中通过的电流极小，原电池的内压降近似为零，所测得的外电路的电压降可近似地作为原电池的电动势。因此，可用酸度计的 mV 部分粗略地测定原电池的电动势。

【仪器与试剂】

仪器：pHS-25C 型酸度计，铜电极，锌电极，盐桥（含饱和 KCl 溶液），烧杯（50mL 4 个），量筒（25mL），水浴，蓝色石蕊试纸。

试剂：H_2SO_4（$1.0mol·L^{-1}$，$2.0mol·L^{-1}$），HAc（$1.0mol·L^{-1}$），$H_2C_2O_4$（$0.10mol·L^{-1}$），NaOH（$2.0mol·L^{-1}$），$NH_3·H_2O$（$6.0mol·L^{-1}$），$KMnO_4$（$0.010mol·L^{-1}$），KI（$0.020mol·L^{-1}$，$0.1mol·L^{-1}$），KBr（$0.10mol·L^{-1}$），Na_2SiO_3（$0.50mol·L^{-1}$），Na_2SO_3（$0.10mol·L^{-1}$），KIO_3（$0.10mol·L^{-1}$），$ZnSO_4$（$0.50mol·L^{-1}$，$1.0mol·L^{-1}$），$CuSO_4$（$0.50mol·L^{-1}$，$0.005mol·L^{-1}$），$FeCl_3$（$0.10mol·L^{-1}$），$AgNO_3$（$0.10mol·L^{-1}$，$0.010mol·L^{-1}$），$Pb(NO_3)_2$（$0.50mol·L^{-1}$，$1.0mol·L^{-1}$），锌片，铅粒，H_2O_2（3%），CCl_4。

下列盐溶液用 250mL 细口瓶盛装：$ZnSO_4$（$0.10mol·L^{-1}$），$CuSO_4$（$0.10mol·L^{-1}$），KCl（$0.010mol·L^{-1}$）。

【实验步骤】

1. 温度、浓度对氧化还原反应速率的影响

（1）温度的影响

在 A、B 两支试管中各加入 1mL $KMnO_4$ 溶液（$0.10mol·L^{-1}$），再各加入几滴 H_2SO_4 溶液（$2.0mol·L^{-1}$）酸化；在 C、D 两支试管中各加入 $H_2C_2O_4$ 溶液（$0.10mol·L^{-1}$）。将 A、C 两支试管放入水浴中加热几分钟后，取出，同时将 A 倒入 C 中，B 倒入 D 中。观察 C、D 试管中的溶液何者先褪色，并解释之。

（2）氧化剂浓度的影响

在分别盛有 3 滴 $Pb(NO_3)_2$ 溶液（$0.50mol·L^{-1}$）和 3 滴 $Pb(NO_3)_2$ 溶液（1.0mol·

L^{-1}）的两支试管中，各加入 30 滴 HAc 溶液（1.0mol·L^{-1}），混匀后，再逐滴加入 Na$_2$SiO$_3$ 溶液（0.50mol·L^{-1}）约 26～28 滴，摇匀，用蓝色石蕊试纸检查滴液仍呈酸性，在 90℃水浴中加热，此时两试管中出现胶冻，从水浴中取出试管，冷却后，同时往两支试管中插入相同表面积的锌片，观察哪支试管中"铅树"生长的速率快，并解释之。

2. 电极电势与氧化还原的关系

① 在分别盛有 1mL Pb(NO$_3$)$_2$ 溶液（0.50mol·L^{-1}）和 1mL CuSO$_4$ 溶液（0.50mol·L^{-1}）的两支试管中，各放入一小块用砂纸擦净的锌片，放置一段时间后，观察锌片表面和溶液颜色有无变化。

② 在分别盛有 1mL ZnSO$_4$ 溶液（0.50mol·L^{-1}）和 1mL CuSO$_4$ 溶液（0.50mol·L^{-1}）的两支试管中，各放入一小块用砂纸擦净的铅粒，放置一段时间后，观察铅粒表面和溶液颜色有无变化。

根据①、②的实验结果，确定锌、铅、铜在电势序中的相对位置。

③ 在试管中加入 10 滴 KI 溶液（0.020mol·L^{-1}）和 2 滴 FeCl$_3$ 溶液（0.10mol·L^{-1}），摇匀后，再加入 1mL CCl$_4$ 充分摇荡，观察 CCl$_4$ 层的颜色有无变化。

④ 用 KBr 溶液（0.10mol·L^{-1}）代替 KI 溶液进行上述同样的实验，观察 CCl$_4$ 层的颜色有无变化。

根据③、④的实验结果，定性比较 Br$_2$/Br$^-$，I$_2$/I$^-$，Fe^{3+}/Fe^{2+} 三个电对的电极电势，并指出其中最强的氧化剂和最强的还原剂各是什么？

⑤ 在试管中加入 5 滴 KI 溶液（0.10mol·L^{-1}），加入 2 滴 H$_2$SO$_4$ 溶液（1.0mol·L^{-1}）酸化，再加入 5 滴 H$_2$O$_2$ 溶液（3%），摇匀后，再加入 1mL CCl$_4$，充分摇荡，观察 CCl$_4$ 层的颜色有无变化。

⑥ 在试管中加入 2 滴 KMnO$_4$ 溶液（0.010mol·L^{-1}），加入 2 滴 H$_2$SO$_4$ 溶液（1.0mol·L^{-1}）酸化，再加入数滴 H$_2$O$_2$ 溶液（3%），观察反应现象。

根据⑤、⑥实验结果，指出 H$_2$O$_2$ 在反应中各起什么作用？

3. 介质对氧化还原反应的影响

① 在试管中加入 10 滴 KI 溶液（0.10mol·L^{-1}）和 2～3 滴 KIO$_3$ 溶液（0.10mol·L^{-1}），混合后，观察有无变化。再加入几滴 H$_2$SO$_4$ 溶液（2.0mol·L^{-1}），观察有无变化。再逐滴加入 NaOH 溶液（2.0mol·L^{-1}），使混合溶液呈碱性，观察反应现象。解释每一步反应的现象，并指出介质对上述氧化还原反应的影响。

② 在 3 支试管中各加入 5 滴 KMnO$_4$ 溶液（0.010mol·L^{-1}），在第一支试管中加入 5 滴 H$_2$SO$_4$ 溶液（2.0mol·L^{-1}），在第二支试管中加入 5 滴 H$_2$O，在第三支试管中加入 5 滴 NaOH 溶液（2.0mol·L^{-1}），再分别向各试管中加入 Na$_2$SO$_3$（0.10mol·L^{-1}），观察反应现象。

4. 浓度对电极电势的影响

① 测定 Zn^{2+} 溶液（1.0mol·L^{-1}）的 φ(Zn^{2+}/Zn) 值。

测 φ(Zn^{2+}/Zn) 值用作进一步测定 φ(Cu^{2+}/Cu) 的依据。在 50mL 烧杯中倒入 25mL ZnSO$_4$ 溶液（1.0mol·L^{-1}），插入锌棒，使之与甘汞电极组成原电池。将甘汞电极与酸度计的"＋"极相连，锌电极与酸度计的"－"极相连，将酸度计的 pH-mV 开关扳向"mV"

挡，用零点调节器调整零点，将量程开关扳到"7～14"挡，按下读数开关，测定原电池的电动势 E_1，已知饱和甘汞电极的 $\varphi^{\ominus}_{\text{甘汞}} = 0.2145V$，求 $\varphi(Zn^{2+}/Zn)$ 的值。虽然实验所用溶液为 $ZnSO_4$ 溶液（$1.0mol \cdot L^{-1}$），但由于活度系数等因素的影响，所得 φ 值并非 $-0.763V$。

② 测定 Cu^{2+} 溶液（$0.005mol \cdot L^{-1}$）的 $\varphi(Cu^{2+}/Cu)$ 值，并求 $\varphi^{\ominus}(Cu^{2+}/Cu)$ 值。

用①中插入锌棒的 25mL Zn^{2+} 溶液（$1.0mol \cdot L^{-1}$）与另一 50mL 烧杯中插有铜片的 25mL $CuSO_4$ 溶液（$0.005mol \cdot L^{-1}$）组成原电池，以含 KCl 饱和溶液的琼脂为盐桥，同样用酸度计的 mV 挡测定这一原电池的电动势 E_2。由上面所测得的 $\varphi(Zn^{2+}/Zn)$ 和 E_2 值，可求得 $\varphi(Cu^{2+}/Cu)$ 值。$c(Cu^{2+})$ 已知，由 $\varphi(Cu^{2+}/Cu)$ 值可求得 $\varphi^{\ominus}(Cu^{2+}/Cu)$ 值。

5. $[Cu(NH_3)_4]^{2+}$ $\lg\beta_4$ 值的测定

在上述 4.② 所用 25mL Cu^{2+} 溶液（$0.005mol \cdot L^{-1}$）中加入 5mL $NH_3 \cdot H_2O$ 溶液（$6.0mol \cdot L^{-1}$），混合均匀，使之与插有锌棒的 25mL Zn^{2+} 溶液（$1.0mol \cdot L^{-1}$）组成原电池，同样用酸度计的 mV 挡测定其电动势 E_3。由 $\varphi(Zn^{2+}/Zn)$ 和 E_3 可计算出加入 $NH_3 \cdot H_2O$ 形成 $[Cu(NH_3)_4]^{2+}$ 后的 $\varphi(Cu^{2+}/Cu)$ 值。

利用上述 4.② 中所得的 $\varphi^{\ominus}(Cu^{2+}/Cu)$，由 $\varphi(Cu^{2+}/Cu)$ 值计算加入 $NH_3 \cdot H_2O$ 后溶液中 Cu^{2+} 平衡浓度 $c(Cu^{2+})$。已知：

$$Cu^{2+} + 4NH_3 \Longrightarrow [Cu(NH_3)_4]^{2+}$$

平衡时由已知条件可认为 Cu^{2+} 只形成 $[Cu(NH_3)_4]^{2+}$，$c(NH_3 \cdot H_2O) \approx (1 - 4 \times 0.005)mol \cdot L^{-1}$，$c([Cu(NH_3)_4]^{2+}) = 0.005mol \cdot L^{-1}$，从而可求得 $[Cu(NH_3)_4]^{2+}$ 的 $\lg\beta_4$。

由文献查得 Cu 电极法测得的 $[Cu(NH_3)_4]^{2+}$ 的 $\lg\beta_4$ 值在 $14.14 \sim 15.74$ 之间。

6. 测定 AgCl 的 K_{sp}

在 50mL 烧杯中加入 25.0mL $AgNO_3$ 溶液（$0.010mol \cdot L^{-1}$），在另一 50mL 烧杯中加入 25.0mL KCl 溶液（$0.010mol \cdot L^{-1}$）和 2 滴 $AgNO_3$ 溶液（$0.10mol \cdot L^{-1}$），生成 AgCl 沉淀后溶液中的 Cl^- 浓度可近似地看作仍为 $0.01mol \cdot L^{-1}$。分别插入银电极（将废玻璃电极中的银丝，经浓氨水处理后作银电极用），并用含有 NH_4NO_3 溶液的盐桥将两杯溶液连通起来，用导线把银电极与酸度计的"＋"、"－"极相连。用酸度计的 mV 挡测量该浓差电池的电动势。并利用测量结果，计算 AgCl 的溶度积。

【注意事项】

盐桥的制法：称取 1g 琼脂，放在 100mL KCl 饱和溶液中浸泡一会儿，在不断搅拌下，加热煮成糊状，趁热倒入 U 形玻璃管中（管内不能留有气泡，否则会增加电阻），冷却即成。

更为简便的方法是用 KCl 饱和溶液装满 U 形玻璃管，两管口以小棉花球塞住（管内不留气泡），作为盐桥使用。

实验中还可用素烧瓷筒作盐桥。

电极的锌片、铜片要用砂纸擦干净，以免增大电阻。

【问题与讨论】

1. $KMnO_4$ 与 Na_2SO_3 溶液进行氧化还原反应时，在酸性、中性、碱性介质中的产物各是什么?

2. 计算 25℃时,下列原电池的电动势:

(1) (一)Zn|ZnSO$_4$(0.10mol·L^{-1}) ‖ CuSO$_4$(0.10mol·L^{-1})|Cu(+)

　　　　　　　　　(饱和 KCl 溶液)

(2) (一)Ag|AgCl|KCl(0.01mol·L^{-1}) ‖ AgNO$_3$(0.01mol·L^{-1})|Ag(+)

　　　　　　　　　(饱和 NH$_4$NO$_3$溶液)

3. 如何使上述原电池中的 Zn^{2+},Cu^{2+}浓度减小? 当减小 Cu^{2+}浓度时,原电池电动势是变大还是变小? 当减小 Zn^{2+}浓度时,电动势又如何变化? 为什么?

4. 列出实验中所用到的氧化剂与还原剂。

实验 15　分光光度法测$[Ti(H_2O)_6]^{3+}$的分裂能

【实验目的】

1. 了解配合物的吸收光谱。
2. 了解用吸光光度法测定配合物分裂能的原理和方法。
3. 学习分光光度计的使用方法。

【实验原理】

配合物中的中心原子在配体所形成的晶体场作用下，d 轨道会发生能级分裂。对于八面体配合物，中心原子五个能量相等的 d 轨道分裂成能量较高的 d_γ（或 e_g）和能量较低的 d_ϵ（或 t_{2g}）两组轨道。这两组轨道之间的能量差即为分裂能，用 E_s 表示。

过渡金属离子一般具有未充满的 d 轨道。由于在晶体场作用下发生了能级分裂，因而电子就有可能从较低能量的 d_ϵ 轨道向较高能量的 d_γ 轨道跃迁，这种跃迁称为 d-d 跃迁。发生 d-d 跃迁所需要的能量就是 d 轨道的分裂能。不同配合物发生 d-d 跃迁可吸收不同波长的光，这就是吸光光度法测定分裂能的基础。

八面体配离子$[Ti(H_2O)_6]^{3+}$的中心原子 Ti^{3+} 只有 1 个 d 电子，基态时这个电子位于能量较低的 d_ϵ 轨道，当吸收一定波长的光线后发生 d-d 跃迁，跃入能量较高的 d_γ 轨道。d-d 跃迁所吸收的能量，即为$[Ti(H_2O)_6]^{3+}$的分裂能。

$$E = h\nu = \frac{hc}{\lambda} = hc\delta = E(d_\gamma) - E(d_\epsilon) = E_s$$

式中　h——普朗克常数，$h = 6.626 \times 10^{-34} J \cdot s$；

c——光速，$c = 2.998 \times 10^8 m \cdot s^{-1}$；

λ——波长；

δ——波数。

当 1mol 电子发生 d-d 跃迁时：

$$hc = 6.626 \times 10^{-34} J \cdot s \times 2.998 \times 10^8 m \cdot s^{-1} \times 6.022 \times 10^{23} mol^{-1}$$
$$= 1.1962 \times 10^{-1} J \cdot m \cdot mol^{-1} = 1.1962 \times 10^{-2} kJ \cdot cm \cdot mol^{-1}$$

因 $1.1962 \times 10^{-2} kJ \cdot mol^{-1}$ 相当于 $1cm^{-1}$，则得 $hc = 1$。

配合物在最大吸收波长 λ_{max} 处吸收的能量即为分裂能。当波长的单位为 nm，波数单位为 cm^{-1} 时，分裂能为：

$$E_s = hc\delta = \frac{hc}{\lambda_{max}} = \frac{1}{\lambda} \times 10^7 cm^{-1}$$

因此，分裂能也常以 cm^{-1} 为单位。

本实验采用一定浓度的$[Ti(H_2O)_6]^{3+}$溶液，用分光光度计测定不同波长 λ 时的吸光度 A，再做 A-λ 曲线，即得$[Ti(H_2O)_6]^{3+}$的吸收光谱曲线。找出曲线最大吸收峰对应的波长 λ_{max} 按上式即可求算$[Ti(H_2O)_6]^{3+}$的分裂能。

【仪器与试剂】

仪器：分光光度计，吸量管（5mL），容量瓶（25mL），洗耳球，擦镜纸。

试剂：$TiCl_3$（$150\sim200g\cdot L^{-1}$），HCl（$2mol\cdot L^{-1}$）。

【实验步骤】

1. 计算 $150\sim200g\cdot L^{-1}$ $TiCl_3$ 溶液的浓度（本实验按 $170g\cdot L^{-1}$ 计算）。

2. 用吸量管吸取 5mL、3mL、2mL 上述溶液，置于 25mL 容量瓶中，用 $2mol\cdot L^{-1}$ HCl 溶液稀释至刻度，即得 $[Ti(H_2O)_6]^{3+}$ 测量液。计算 $[Ti(H_2O)_6]^{3+}$ 测量液的浓度。

3. 用分光光度计测出上述 $[Ti(H_2O)_6]^{3+}$ 溶液在不同波长时的吸光度（以 $2mol\cdot L^{-1}$ HCl 溶液为空白液）。

4. 绘制 A-λ 曲线。以 λ 为横坐标，A 为纵坐标作图，在吸收曲线上找出 $[Ti(H_2O)_6]^{3+}$ 配离子最大吸收峰所对应的波长 λ_{max}。

5. 数据记录和处理：

① $170g\cdot L^{-1}$ $TiCl_3$ 溶液的浓度 $c=$_____。

② $[Ti(H_2O)_6]^{3+}$ 测量液的浓度 $c=$_____，_____，_____。

③ 不同波长下，三种不同浓度的 $[Ti(H_2O)_6]^{3+}$ 配离子溶液的吸光度 A（表3-10）。

表3-10　三种不同浓度 $[Ti(H_2O)_6]^{3+}$ 配离子溶液的吸光度

λ/nm 吸光度	460	470	480	490	500	510	520	530	540	550	560
A_1											
A_2											
A_3											

④ 根据 A-λ 曲线找出配离子最大吸收峰所对应的波长 $\lambda_{max}=$_____。

⑤ 由公式计算 $\Delta E=\dfrac{1}{\lambda_{max}}\times10^7 cm^{-1}=$_____。

【问题与讨论】

1. 不同浓度的 $TiCl_3$ 稀溶液所得的吸收曲线有何异同点？在同一波长下，吸光度与溶液的浓度有什么关系？

2. 配合物的晶体场分裂能的单位通常是什么？

3. 在测定配合物的吸收曲线时，所配制溶液的浓度是否要非常准确？为什么？

实验 16　分光光度法测定铁含量

【实验目的】

1. 学习分光光度法原理及分光光度计的使用方法。

2. 掌握分光光度法测定有色物质时最大吸收波长的选择，了解吸收光谱绘制方法。

3. 学习磺基水杨酸法和邻二氮菲法测定铁含量时工作曲线的绘制及铁含量测定方法。

【实验原理】

1. 物质对光的选择性吸收原理

当一束光照射到某物质或某溶液时，组成该物质的分子、原子或离子等粒子接受光的能量，使这些粒子中的电子由低能量的轨道跃迁到高能量的轨道，也就是说，由基态转变为激发态，这个过程就是物质对光的吸收。

由于分子、离子或原子的能级是量子化的，只有光子的能量($h\nu$)与被照射物质粒子的基态和激发态能量之差(ΔE)相等时，才能被吸收。

光的能量与波长成反比，波长越短，能量越高。

单一波长的光称为单色光，由不同波长组成的光称为复色光。

2. 吸光度 A

一束强度为 I_0 的单色光通过颜色均匀有色溶液时，一部分能量的光被吸收(I_a)，一部分透过溶液(I_t)，还有一部分被吸收池表面反射(I_r)。故：

$$I_0 = I_a + I_t + I_r$$

将被测溶液和参比（空白）溶液分别置于两个同样材料和厚度的吸收池中，所以反射光 I_r 可被忽略或相互抵消。上式可简化为：

$$I_0 = I_a + I_t$$

透射光的强度 I_t 与入射光的强度 I_0 之比称为透光率（transmittance），用符号"T"表示。

$$T = \frac{I_t}{I_0}$$

T 越大，溶液对光的吸收就越少；T 越小，溶液对光的吸收就越多。

透光率的负对数称为吸光度，用符号"A"表示。

$$A = -\lg T = \lg \frac{I_0}{I_t}$$

A 越大，溶液对光的吸收就越多。

不同波长 λ 的单色光依次通过有色溶液，测量该溶液对不同波长 λ 的单色光的吸收程度，即吸光度 A（absorbance）。

实验结果证明：有色溶液对光的吸收程度(A)与溶液的浓度和光穿过的液层厚度的乘积成正比。这一定律称为朗伯-比尔（Lambert-Beer）定律：

$$A = \varepsilon bc$$

式中　ε——摩尔吸光系数，$L\cdot mol^{-1}\cdot cm^{-1}$；

　　　c——溶液的浓度，$mol\cdot L^{-1}$；

　　　b——液层厚度，cm。

当波长一定时，它是有色物质的一个特征常数，比色皿的大小一定时液层厚度也是一定的。所以吸光度（A）只与浓度（c）有关。

3. 吸收光谱曲线

以波长 λ 为横坐标，吸光度 A 为纵坐标作图，可得一条曲线，即为吸收光谱或称为吸收曲线。吸收光谱中，吸光度最大处的波长为最大吸收波长，用"λ_{max}"表示。若在最大吸收波长处测定溶液吸光度时，灵敏度最高。

4. 磺基水杨酸法测定 Fe^{3+} 含量

磺基水杨酸是测铁的常用试剂，在 pH 为 4.0～8.0 的条件下，与 Fe^{3+} 生成稳定的橙红色配合物，Fe^{3+} 浓度与生成有色配合物对可见光的吸光度成正比。其反应如下：

5. 邻二氮菲法测定 Fe^{2+} 含量

邻二氮菲是目前应用分光光度计测定微量铁的常用试剂，在 pH 为 2～9 的范围内的溶液中可与 Fe^{2+} 生成稳定的红色配合物：

该配合物稳定性较高，最大吸收波长为 508nm，摩尔吸光系数 $\varepsilon=1.1\times10^4 L\cdot mol^{-1}\cdot cm^{-1}$，并且对光的吸收很好地符合 Lambert-Beer 定律。

该法是测定溶液 Fe^{2+} 的浓度，因此，在测定过程中需加还原剂将 Fe^{3+} 转化为 Fe^{2+}。本实验用盐酸羟胺作还原剂，反应如下：

$$2Fe^{3+}+2NH_2OH+2OH^-\longrightarrow 2Fe^{2+}+N_2\uparrow+4H_2O$$

【仪器与试剂】

仪器：10mL 容量瓶，分光光度计，10mL 吸量管，KJ-可调控连续加液管，擦镜纸。

试剂：pH=4.7 的缓冲溶液，标准 Fe^{3+} 溶液（$0.10g\cdot L^{-1}$），HNO_3（$0.20mol\cdot L^{-1}$），磺基水杨酸（$0.25mol\cdot L^{-1}$），NaAc（$1.0mol\cdot L^{-1}$），待测铁溶液，邻二氮菲（新鲜配制，$8.0mmol\cdot L^{-1}$），盐酸羟胺（新鲜配制，$1.5mol\cdot L^{-1}$）。

【实验步骤】

1. 最大吸收波长的确定

（1）配制标准溶液

用四个 10mL 容量瓶编号后按表 3-11 配制标准溶液。

表 3-11　最大吸收波长确定的标准溶液配制

容量瓶号 溶液	1	2	3	4
标准 Fe^{3+} 溶液体积/mL	0.00	0.20	0.30	0.50
$0.2mol·L^{-1}HNO_3$ 体积/mL	0.50	0.30	0.20	0.00
$0.25mol·L^{-1}$ 磺基水杨酸体积/mL	1.00	1.00	1.00	1.00
pH＝4.7 缓冲溶液体积/mL	1.00	1.00	1.00	1.00
加蒸馏水至总体积/mL	10.00	10.00	10.00	10.00

（2）在不同波长处测定溶液的吸光度

将上述配好的溶液摇匀后，在分光光度计上进行测定。以 1 号溶液为空白，在波长 400～520nm 范围内，每隔 10nm 测定一次 2 号、3 号、4 号溶液的吸光度。测定过程中，每变换一次波长，都应调整零点及透光率(100%)。记录各波长处溶液的吸光度(A)，然后以吸光度为纵坐标、波长为横坐标绘制吸收曲线，从而选择出磺酸基水杨酸测定 Fe^{3+} 的最大吸收波长。

2. 磺基水杨酸法测定 Fe^{3+} 含量

（1）标准溶液配制

取 6 个 10mL 容量瓶编号后按表 3-12 配制标准溶液，摇匀放置 20min 后，测定吸光度。

表 3-12　磺基水杨酸法测定 Fe^{3+} 的标准溶液配制

编　号	1	2	3	4	5	6
Fe^{3+} 标准溶液体积/mL	0.00	0.10	0.20	0.30	0.40	0.50
$0.2mol·L^{-1}HNO_3$ 体积/mL	0.50	0.40	0.30	0.20	0.10	0.00
磺基水杨酸体积/mL	1.00	1.00	1.00	1.00	1.00	1.00
缓冲溶液(pH＝4.7)体积/mL	1.00	1.00	1.00	1.00	1.00	1.00
加蒸馏水至总体积/mL	10.00	10.00	10.00	10.00	10.00	10.00
最终铁浓度/g·L^{-1}						
吸光度 A						

（2）标准曲线的制作

在分光光度计上，用 1cm 比色皿在 460nm 波长处以 1 号溶液为空白，分别测定标准溶液的吸光度。然后以吸光度为纵坐标、溶液浓度为横坐标绘制工作曲线。

（3）未知液的测定

吸取待测铁溶液 5.00mL 置于 10mL 容量瓶中，加入 0.50mL $0.2mol·L^{-1}HNO_3$ 溶液、1.00mL $0.25mol·L^{-1}$ 磺基水杨酸、1.00mL pH＝4.7 的缓冲溶液，用蒸馏水稀释到刻度，摇匀，放置 20min，按上述方法测定吸光度。在标准曲线上查出对应铁的浓度 c_x($g·L^{-1}$)，未知溶液浓度可由下式算出。

$$c_{样}＝c_x×\frac{V_{容}}{V_{样}}$$

式中　$V_{容}$——测定未知液稀释时所用容量瓶体积；

$V_{样}$——所取原未知液的体积。

也可以在作图时将各标准溶液的浓度均乘以 $V_{容}/V_{样}$，就可以在标准曲线上直接查出未知液的浓度。

3. 邻二氮菲法测定 Fe^{3+} 含量

（1）标准溶液配制

取 6 个 10mL 容量瓶编号后，按表 3-13 配制标准溶液。

表 3-13　邻二氮菲法测定 Fe^{3+} 的标准溶液配制

编　号	1	2	3	4	5	6
Fe^{3+} 标准溶液体积/mL	0.00	0.10	0.20	0.30	0.40	0.50
1.5mol·L^{-1} 盐酸羟胺体积/mL	0.50	0.50	0.50	0.50	0.50	0.50
邻二氮菲体积/mL	1.00	1.00	1.00	1.00	1.00	1.00
1mol·L^{-1} NaAc 体积/mL	2.50	2.50	2.50	2.50	2.50	2.50
加蒸馏水至总体积/mL	10.00	10.00	10.00	10.00	10.00	10.00
最终铁浓度/g·L^{-1}						
吸光度 A						

（2）标准曲线的制作

将标准溶液配制好后，放置 15min，在分光光度计上，用 1cm 比色皿在 508nm 波长处以 1 号溶液为空白，分别测定标准溶液的吸光度。然后以吸光度 A 为纵坐标、Fe^{2+} 浓度为横坐标绘制工作曲线。

（3）未知液测定

吸取待测铁溶液 1.00mL 置于 10mL 容量瓶中，加入 0.50mL 1.5mol·L^{-1} 盐酸羟胺、1.00mL 8mmol·L^{-1} 邻二氮菲溶液、2.50mL 1mol·L^{-1} NaAc 溶液，用蒸馏水稀释到刻度，摇匀，在 508nm 波长处，以 1 号溶液为空白，测定吸光度。在标准曲线上查出对应铁的浓度 c_x（g·L^{-1}），未知溶液浓度可由下式算出。

$$c_{样} = c_x \times \frac{V_{容}}{V_{样}}$$

式中　$V_{容}$——测定未知液稀释时所用容量瓶体积；

　　　$V_{样}$——所取原未知液的体积。

也可以在作图时将各标准溶液的浓度均乘以 $V_{容}/V_{样}$，就可以在标准曲线上直接查出未知液的浓度。

【问题与讨论】

1. 为什么每次变动波长都应重新调节零点及透光率？

2. 用磺基水杨酸测铁时为什么选择波长为 460nm？邻二氮菲法为什么选择波长为 508nm？

实验 17　EDTA 标准溶液的配制、标定及水的总硬度测定

【实验目的】

1. 掌握 EDTA 标准溶液的配制和标定方法。

2. 掌握 EDTA 法测定水的总硬度的方法和原理。

3. 掌握铬黑 T(EBT)指示剂使用条件和终点变化。

4. 了解水的硬度的表示方法。

【实验原理】

1. 水的硬度

水的硬度对饮用和工业用水关系极大，是水质分析的常规项目。水的硬度主要来源于水中所含的钙盐和镁盐。

水硬度的表示方法很多，在我国主要采用两种表示方法。①以度($^\circ$)计：每升水中含 10mg CaO 为 1 度；②用 $CaCO_3$ 含量表示。

2. EDTA 标准溶液的标定

EDTA 常因吸附约 0.3％水分和其中含有少量杂质而不能直接配制成标准溶液，通常先把 EDTA 配成所需要的大概浓度，然后用基准物质标定。基准物质有 Zn、ZnO、$CaCO_3$、$MgSO_4$ 等，一般可选用与被测组分含有相同金属离子的基准物质进行标定，这样分析条件相同，可以减小误差。

铬黑 T 在不同的酸碱度下显示不同的颜色：pH＜6 为红色；pH＞12 为橙色。最适宜的酸碱度为 pH＝9～10.5，此时铬黑 T 为纯蓝色。

pH 为 10 条件下，以铬黑 T 为指示剂，终点由酒红色变为纯蓝色。HIn^{2-} 代表铬黑 T，H_2Y^{2-} 代表 EDTA。

$$Zn^{2+}+HIn^{2-}\Longrightarrow ZnIn^-+H^+$$
$$Zn^{2+}+H_2Y^{2-}\Longrightarrow ZnY^{2-}+2H^+$$
$$ZnIn^-+H_2Y^{2-}\Longrightarrow ZnY^{2-}+HIn^{2-}+H^+$$

3. 配位滴定指示剂的终点指示原理

目前主要用 EDTA 滴定法测定水中钙和镁总量，并折合成 CaO 或 $CaCO_3$ 含量来确定水的总硬度。用 EDTA 测定 Ca、Mg 总量，一般是在 pH＝10 或 pH＞10 的氨性缓冲溶液中进行。铬黑 T 作指示剂，计量点时 Ca^{2+} 和 Mg^{2+} 与 EBT 形成紫红色配合物，滴至计量点后，游离出的指示剂使溶液呈纯蓝色。

$$\underset{\text{(酒红色)}}{EBT(Ca^{2+}、Mg^{2+})}+\underset{\text{(无色)}}{EDTA}\longrightarrow \underset{\text{(无色)}}{EDTA(Ca^{2+}、Mg^{2+})}+\underset{\text{(蓝色)}}{EBT}$$

由于 EBT 与 Mg^{2+} 显色灵敏度高，与 Ca^{2+} 显色灵敏度低，故当水中 Mg^{2+} 含量较低时，使用 EBT 作指示剂往往得不到敏锐的终点。这时可在 EDTA 标定之前加入适量 Mg^{2+}（计

量），或在缓冲溶液中加入一些 Mg-EDTA 配合物，利用置换滴定原理来提高终点变色的敏锐性。亦可采用 K-B 混合指示剂提高显色灵敏度。

测定时水中含有其它干扰离子时，可选用掩蔽方法消除，如 Fe^{3+}、Al^{3+} 可用三乙醇胺掩蔽，Cu^{2+}、Pb^{2+}、Zn^{2+} 等可用 KCN 或 Na_2S 掩蔽。

4. 水硬度的计算方法

（1）用度表示

$$x(度) = \frac{c_{EDTA}V_{EDTA}M_{CaO} \times 10^2}{V_{水样}}$$

（2）用 $CaCO_3$ 含量（$mg \cdot L^{-1}$）表示

$$\rho_{CaCO_3} = \frac{c_{EDTA}V_{EDTA}M_{CaCO_3} \times 10^3}{V_{水样}}$$

（3）用 CaO 含量（$mg \cdot L^{-1}$）表示

$$\rho_{CaO} = \frac{c_{EDTA}V_{EDTA}M_{CaO} \times 10^3}{V_{水样}}$$

【仪器与试剂】

仪器：酸式滴定管（50mL），锥形瓶（250mL），容量瓶（250mL），移液管（25mL），烧杯（250mL），电子天平，洗耳球。

试剂：乙二胺四乙酸二钠盐（EDTA）（s，AR），NH_3-NH_4Cl 缓冲溶液（pH＝10），铬黑 T 指示剂，甲基红，三乙醇胺（1∶2 水溶液），HCl（1∶1 水溶液，6.0mol·L^{-1}），氨水（1∶2 水溶液），氧化锌（99.99%）。

【实验步骤】

1. 0.01mol·L^{-1} EDTA 标准溶液的配制和标定

① 准备好酸式滴定管和相关的分析仪器并洗刷干净。

② 0.02mol·L^{-1} EDTA 标准溶液的配制。

称取 EDTA 二钠盐（AR）1.9g 于 250mL 烧杯中，加蒸馏水 150mL，加热溶解，必要时过滤。冷却后用蒸馏水稀释至 250mL，摇匀，保存在细口瓶中。

③ 氧化锌基准溶液的配制。

准确称取经 110℃烘干至恒重的基准物质氧化锌 0.20～0.22g，加入 3mL 稀盐酸使之溶解。将此溶液全部转移至 250mL 容量瓶中，用水冲洗烧杯壁几次，洗液一并转移到容量瓶中，用水稀释至刻度摇匀。

④ 标准溶液的标定。

用移液管移取基准溶液 25.00mL 于锥形瓶中，加 1 滴甲基红，用胶头滴管吸取稀氨水滴加基准溶液由红色变微黄色溶液即可。

在上述溶液中加 20mL 蒸馏水、10mL NH_3-NH_4Cl 缓冲溶液和 3 滴铬黑 T 指示剂，用配制的 EDTA 滴定至溶液由酒红色变为纯蓝色即为终点，记录消耗 EDTA 溶液的体积。平行测定 3 次，填写表 3-14。

表 3-14 EDTA 标准溶液的标定

项 目	1	2	3
氧化锌基准溶液体积/mL	25.00	25.00	25.00
氧化锌基准溶液浓度/mol·L^{-1}			
EDTA 溶液体积/mL			
EDTA 溶液浓度/mol·L^{-1}			
EDTA 溶液平均浓度/mol·L^{-1}			
相对平均偏差			

计算公式：$c_{EDTA} = \dfrac{m_{ZnO} \times \dfrac{1}{10}}{V_{EDTA} \times M_{ZnO}}$，$M_{ZnO} = 81.38 g \cdot mol^{-1}$

2. 水硬度的测定

移取 50.00mL 水样，于 250mL 锥形瓶中，加 1~2 滴 1:1 HCl 酸化，煮沸数分钟除去 CO_2，冷却后加 5.0mL 三乙醇胺、5.0mL pH=10 缓冲溶液、少许（约 5 滴）铬黑 T 指示剂。用 EDTA 标准溶液滴定，由酒红色变为纯蓝色即为终点。记录数据，计算 CaO 含量（mg·L^{-1}）及相对平均偏差，列入表 3-15 中。

表 3-15 水硬度的测定

项 目	I	II	III
样品体积/mL			
EDTA 体积/mL			
平均体积/mL			
体积偏差/mL			
体积相对平均偏差/%			
CaO 含量/mg·L^{-1}			
CaO 平均含量/mg·L^{-1}			

【问题与讨论】

1. 测定水的总硬度时，为什么常加入少量 Mg-EDTA？它对测定有无影响？加入 Zn-EDTA 可否？

2. 测定水的总硬度时，为何要控制溶液的 pH=10？

实验 18　BaCl₂·2H₂O 中钡含量的测定

【实验目的】

1. 了解测定 BaCl₂·2H₂O 中钡含量的原理和方法。

2. 掌握晶形沉淀的制备、过滤、洗涤、灼烧及恒重的基本操作。

【实验原理】

1. 难溶性钡盐

Ba^{2+} 能生成一系列的微溶化合物，如 $BaCO_3$、$BaCrO_4$、BaC_2O_4、$BaHPO_4$、$BaSO_4$ 等，其中以 $BaSO_4$ 的溶解度最小 [25℃时 $0.25mg\cdot(100mL)^{-1}$ H_2O]，$BaSO_4$ 性质非常稳定，组成与化学式相符合，因此常以 $BaSO_4$ 重量法测 Ba^{2+}。

2. 钡盐的沉淀

虽然 $BaSO_4$ 的溶解度较小，但还不能满足重量法对沉淀溶解度的要求，必须加入过量的沉淀剂以降低 $BaSO_4$ 的溶解度。在灼烧时 H_2SO_4 能挥发，是沉淀 Ba^{2+} 的理想沉淀剂，使用时可过量 50%～100%。

$BaSO_4$ 沉淀初生成时，一般形成细小的晶体，过滤时易穿过滤纸，为了得到纯净而颗粒较大的晶体沉淀，应在热的酸性稀溶液中，在不断搅拌下逐滴加入热的稀 H_2SO_4。反应介质一般为 $0.05mol\cdot L^{-1}$ 的 HCl 溶液，加热温度以近沸较好。在酸性条件下沉淀 $BaSO_4$ 还能防止 $BaCO_3$、$BaHPO_4$、BaC_2O_4、$BaCrO_4$ 等沉淀。

将所得的 $BaSO_4$ 沉淀经过陈化、过滤、洗涤、灼烧、最后称量，即可求得试样中 Ba^{2+} 的含量。若以 Ba^{2+} 的质量分数表示，则

$$w_{Ba^{2+}} = \frac{m_{BaSO_4} M_{Ba^{2+}}}{m_{样品} M_{BaSO_4}} \times 100\%$$

【仪器与试剂】

仪器：泥三角，瓷坩埚，定量滤纸，长颈漏斗，煤气灯（或马弗炉）。

试剂：BaCl₂·2H₂O（s，AR），HCl（$2.0mol\cdot L^{-1}$），H₂SO₄（$1.0mol\cdot L^{-1}$），HNO₃（$2.0mol\cdot L^{-1}$），AgNO₃（$0.10mol\cdot L^{-1}$）。

【实验步骤】

1. 空坩埚的恒重

洗净两只瓷坩埚，在 800～850℃ 的温度下灼烧，第一次灼烧 30min，取出稍冷片刻，放入干燥器重新冷却至室温（约 30min），称重。第二次灼烧 15～20min，冷至室温，再称重，如此操作直到两次称量差值不超过 0.3mg，即已恒重。

2. 试样的称量及沉淀的制备

准确称取 0.4～0.6g BaCl₂·2H₂O 试样两份，分别置于 250mL 烧杯中，加入 2.0～3.0mL 2.0mol·L⁻¹ 盐酸，盖上表面皿，加热近沸，但勿使溶液沸腾，以防溅失。与此同时，再取 1.0mol·L⁻¹ H₂SO₄ 3.0～4.0mL 两份，分别置于两只 100mL 小烧杯中，各加水稀释至 30.0mL，加热近沸，然后将两份热的 H₂SO₄ 溶液用滴管逐滴分别滴入两份热的钡

盐溶液中，并用玻璃棒不断搅拌。搅拌时，玻璃棒不要碰烧杯底内壁以免划损烧杯，致使沉淀黏附在烧杯壁上难于洗下。沉淀完毕后，待溶液澄清后，于上层清液中加入稀 H_2SO_4 1～2滴，以检查其沉淀是否完全。如果上清液中有浑浊出现，必须再加入 H_2SO_4 溶液，直至沉淀完全为止。盖上表面皿，将玻璃棒靠在烧杯嘴边（切勿将玻璃棒拿出杯外），置于水浴上加热，陈化 0.5～1h，并不时搅拌（也可在室温下放置过夜作为陈化）。

3. 沉淀的过滤和洗涤

溶液冷却后，用定量滤纸过滤。先将上层清液倾注在滤纸上，再以稀 H_2SO_4 洗涤液（自配 0.01mol·L^{-1} 的稀 H_2SO_4 200mL）用倾泻法洗涤沉淀 3～4 次，每次 10.0mL。然后将沉淀小心转移到滤纸上，并用一小片滤纸擦净杯壁，将滤纸片放在漏斗内的滤纸上，再用水洗涤沉淀至无氯离子为止（用 $AgNO_3$ 溶液检查）。

4. 沉淀的灼烧和恒重

将盛有沉淀的滤纸折成小包，放入已恒重的坩埚中，在煤气灯上烘干和炭化后，继续在 800～850℃高温中灼烧 1h。取出置于干燥器内冷却至室温，称量；第二次灼烧 15～20min，冷却，称量，如此操作直至恒重。根据 $BaSO_4$ 的质量，计算钡盐试样中钡的质量分数 $w_{Ba^{2+}}$，列入表 3-16 中。

表 3-16 $BaCl_2 \cdot 2H_2O$ 中钡含量的测定

实验项目　　　　　　　编号	Ⅰ	Ⅱ
倾出前(称量瓶＋试样)质量/g 倾出后(称量瓶＋试样)质量/g 取出试样的质量/g		
($BaSO_4$＋坩埚)质量/g	① ②	① ②
坩埚质量/g	① ②	① ②
$BaSO_4$ 质量/g		
$w_{Ba^{2+}}$/%		
$w_{Ba^{2+}}$ 平均值/%		

【问题与讨论】

1. 沉淀 $BaSO_4$ 时为什么要在稀溶液中进行？不断搅拌的目的是什么？

2. 为什么沉淀 $BaSO_4$ 时要在热溶液中进行，而在自然冷却后进行过滤？趁热过滤或强制冷却好不好？

3. 洗涤沉淀时，为什么用洗涤液要少量、多次？

实验 19　自来水中氯离子含量的测定

【实验目的】

1. 了解沉淀法测定水中微量氯离子含量的方法。

2. 学习沉淀滴定的基本操作和沉淀滴定指示剂的指示原理。

3. 掌握硝酸银标准溶液的配制和标定方法。

4. 学会沉淀滴定过程中的系统误差分析。

【实验原理】

自来水中氯离子的定量测定，最常用的方法是莫尔法（又称银量法）。该法应用比较广泛，生活用水、工业用水、环境水质监测以及一些药品、食品中氯的测定都使用莫尔法。该法适用于不含季铵盐的循环冷却水和天然水中氯离子的测定，其含量小于 $100mg \cdot L^{-1}$。

莫尔法是在中性或碱性介质中（pH = 6.5～10.5）中，以 K_2CrO_4 为指示剂，用 $AgNO_3$ 标准溶液直接滴定 Cl^-，由于滴定过程中离子浓度先满足 AgCl 的溶度积条件，所以 AgCl 先沉淀出来，当 AgCl 几乎沉淀完全后，微量的 Ag^+ 与 CrO_4^{2-} 生成砖红色 Ag_2CrO_4 沉淀，指示滴定终点。

反应方程式如下：

$$Ag^+ + Cl^- \longrightarrow AgCl \downarrow \quad （白色）$$

$$2Ag^+ + CrO_4^{2-} \longrightarrow Ag_2CrO_4 \downarrow \quad （砖红色）$$

硝酸银为白色固体，见光受热易分解，具有较强的腐蚀性。早期医学上用来处理伤口消毒。因此需要防止其接触皮肤，配制的溶液要保存在棕色试剂瓶中。

【仪器与试剂】

仪器：天平（0.1g、0.1mg），酸式滴定管（棕色、10.00mL），移液管（25.00mL），锥形瓶（150mL），容量瓶（250mL），吸量管（1.00mL、5.00mL、10.00mL）。

试剂：K_2CrO_4（0.5%），$AgNO_3$（0.005mol·L^{-1}），NaCl（s，基准试剂）。

【实验步骤】

1. $AgNO_3$ 标准溶液（0.0050mol·L^{1}）的配制与标定

称取 0.085g 硝酸银溶解于 100mL 不含 Cl^- 的蒸馏水中，摇匀后储存于带玻璃塞的棕色试剂瓶中，$AgNO_3$ 溶液的浓度约为 0.005mol·L^{-1}，待标定。

准确称取 0.07～0.08g NaCl 基准试剂于小烧杯中，用蒸馏水溶解后，定量转移至 250mL 容量瓶中，稀释至刻度，摇匀。用吸量管吸取此溶液 10.00mL 置于 150mL 锥形瓶中，加入 1 滴 K_2CrO_4（0.5%）指示剂，在充分摇动下，用 $AgNO_3$ 溶液进行滴定，至呈现砖红色即为终点，平行测试三份，计算 $AgNO_3$ 溶液的准确浓度。

2. 自来水中氯离子含量的测定

准确移取 25.00mL 水样于 150mL 锥形瓶中，加入 1～2 滴 K_2CrO_4（0.5%）指示剂，用已经标定后的标准 $AgNO_3$ 溶液滴定至溶液由黄色浑浊呈现砖红色，即为终点。平行测定三份，计算自来水中氯离子含量。

【问题与讨论】

1. 指示剂用量的过多或过少，对测定结果有何影响？

2. 本实验为什么不能在酸性介质中进行？pH 值过高对结果有何影响？

3. 能否用标准氯化钠溶液直接滴定 Ag^+？如果这样，应该如何操作？

4. 测定有机物中的氯含量应如何进行？

实验 20 高锰酸钾法测定过氧化氢的含量

【实验目的】

1. 掌握高锰酸钾标准溶液的配制与标定方法。
2. 掌握高锰酸钾法测定过氧化氢含量的原理和操作方法。

【实验原理】

1. $KMnO_4$ 的性质

$KMnO_4$ 标准溶液不能直接配制，采用间接配制法。标定 $KMnO_4$ 溶液的基准物质：As_2O_3、铁丝、$H_2C_2O_4 \cdot 2H_2O$ 和 $Na_2C_2O_4$ 等，其中以 $Na_2C_2O_4$ 最常用。$Na_2C_2O_4$ 易纯制、不易吸湿、性质稳定。H_2SO_4 介质中，温度加热到 $70 \sim 80℃$。

$$2MnO_4^- + 5C_2O_4^{2-} + 16H^+ \longrightarrow 2Mn^{2+} + 10CO_2 \uparrow + 8H_2O$$

$KMnO_4$ 作自身指示剂，终点颜色：微红色（0.5min 不褪色）。

$$c_{KMnO_4} = \frac{2}{5} \frac{m_{Na_2C_2O_4}}{M_{Na_2C_2O_4}} \times \frac{1}{V_{KMnO_4}}$$

2. 高锰酸钾法测定过氧化氢的含量

用高锰酸钾法测定过氧化氢的含量时，在酸性介质、室温下

$$2MnO_4^- + 5H_2O_2 + 6H^+ \longrightarrow 2Mn^{2+} + 5O_2 \uparrow + 8H_2O$$

$KMnO_4$ 为自身指示剂，终点颜色：微红色（0.5min 内不褪色）。

$$\rho_{H_2O_2} = \frac{\frac{5}{2} c_{KMnO_4} V_{KMnO_4} M_{H_2O_2} \times 10^{-3}}{1.00 \times \frac{25.00}{250.00} \times 10^{-3}} \quad (g \cdot L^{-1})(V \text{ 的单位为 mL})$$

【仪器与试剂】

仪器：台秤（0.1g），分析天平（0.0001g），试剂瓶（棕色，500mL），酸式滴定管（棕色，50mL），锥形瓶（250mL），移液管（25mL），吸量管（1mL），玻璃砂芯漏斗。

试剂：H_2SO_4(1∶5 水溶液，3.6mol·L^{-1})，$KMnO_4$(s，AR)，$Na_2C_2O_4$(s，AR)。

【实验步骤】

1. 0.02mol·L^{-1} $KMnO_4$ 标准溶液的配制和标定

用台秤称取 1.7～1.8g $KMnO_4$ 固体，溶在煮沸的 500mL 蒸馏水中，保持微沸约 1h，静置冷却后用倾析法倒入 500mL 棕色试剂瓶中，注意不能把杯底的棕色沉淀倒进去。标定前，其上层的溶液用玻璃砂芯漏斗过滤。残余溶液和沉淀则倒掉。把试剂瓶洗净，将滤液倒回瓶内，摇匀。

精确称取 0.15～0.20g 预先干燥过的 $Na_2C_2O_4$ 三份，分别置于 250mL 锥形瓶中，各加入 80～90mL 蒸馏水和 20mL 1∶5 H_2SO_4 使其溶解，慢慢加热直到有蒸气冒出（约 75～85℃）。趁热用待标定的 $KMnO_4$ 溶液进行滴定。开始滴定时，速度宜慢，在第一滴 $KMnO_4$ 溶液滴入后，不断摇动溶液，当紫红色褪去后再滴入第二滴，在滴定过程中温度不

得低于75℃，故可边加热边滴定。待溶液中有 Mn^{2+} 产生后，反应速率加快，滴定速度也就可适当加快，但也绝不可使 $KMnO_4$ 溶液连续流下。接近终点时，紫红色褪去很慢，应减慢滴定速度同时充分摇匀，以防超过终点。最后滴加半滴 $KMnO_4$ 溶液，在摇匀后 0.5min 内仍保持微红色不褪，表明已达到终点。记下终读数并计算 $KMnO_4$ 溶液的浓度及相对平均偏差，填入表 3-17。

表 3-17　$KMnO_4$ 标准溶液的标定

编　号	1	2	3
$m[Na_2C_2O_4 + 称量瓶(倾出前)]/g$			
$m[Na_2C_2O_4 + 称量瓶(倾出后)]/g$			
$m_{Na_2C_2O_4}/g$			
V_{KMnO_4} 初始读数/mL			
V_{KMnO_4} 终点读数/mL			
V_{KMnO_4}/mL			
$c_{KMnO_4}/mol \cdot L^{-1}$			
$\bar{c}_{KMnO_4}/mol \cdot L^{-1}$			
相对平均偏差/%			

2. 过氧化氢含量的测定

用吸量管吸取 1.00mL H_2O_2 样品，置于 250mL 容量瓶中，加水稀释至刻度，摇匀；用移液管移取 25.00mL 稀释液三份，分别置于三个 250mL 锥形瓶中，各加 1：5 H_2SO_4 5mL，用 $KMnO_4$ 标准溶液滴定至终点。记录数据，计算未经稀释样品中 H_2O_2 的含量及相对平均偏差，填入表 3-18。

表 3-18　过氧化氢含量的测定

编　号	1	2	3
$c_{KMnO_4}/mol \cdot L^{-1}$			
$H_2O_2(30\%)$体积/mL	1.00	1.00	1.00
V_{KMnO_4} 初始读数/mL			
V_{KMnO_4} 终点读数/mL			
V_{KMnO_4}/mL			
$\rho_{H_2O_2}/g \cdot L^{-1}$			
$\bar{\rho}_{H_2O_2}/g \cdot L^{-1}$			
相对平均偏差/%			

【问题与讨论】

1. 配制 $KMnO_4$ 标准溶液时，为什么要将 $KMnO_4$ 溶液煮沸一定时间并放置数天？配好的 $KMnO_4$ 溶液为什么要过滤后才能保存？过滤时是否可以用滤纸？

2. 用 $KMnO_4$ 滴定 $Na_2C_2O_4$ 过程中，加酸、加热、控制滴定速度等操作的目的是什么？

3. 标定 $KMnO_4$ 溶液时，为什么第一滴 $KMnO_4$ 的颜色褪得很慢，以后反而逐渐加快？

4. 用 $KMnO_4$ 法测定 H_2O_2 时，为什么要在 H_2SO_4 酸性介质中进行，能否用 HCl 来代替？

第四部分

综合性实验

实验 21　以铁为原料制备感光液

【实验目的】

1. 学习利用盐类在不同温度下溶解度的差别来制备物质的原理和方法。

2. 掌握合成 $(NH_4)_2Fe(SO_4)_2 \cdot 6H_2O$、$K_3[Fe(C_2O_4)_3] \cdot 3H_2O$ 的基本原理和操作技术。

3. 加深对 Fe(Ⅲ) 和 Fe(Ⅱ) 化合物性质的了解。

4. 巩固水浴加热、冷却、结晶、重结晶、洗涤、干燥等基本操作。

【实验原理】

1. $(NH_4)_2Fe(SO_4)_2 \cdot 6H_2O$ 的制备

以铁屑或铁粉为原料，溶于稀硫酸制得硫酸亚铁溶液，然后加入硫酸铵制得饱和溶液，经加热浓缩、冷却至室温后可得溶解度较小的硫酸亚铁铵复盐晶体。

$$Fe + H_2SO_4 \longrightarrow FeSO_4 + H_2 \uparrow$$

$$FeSO_4 + (NH_4)_2SO_4 + 6H_2O \longrightarrow (NH_4)_2Fe(SO_4)_2 \cdot 6H_2O$$

2. $K_3[Fe(C_2O_4)_3] \cdot 3H_2O$ 的合成

以硫酸亚铁铵为原料，与草酸在酸性溶液中先制得草酸亚铁沉淀，然后再用草酸亚铁在草酸钾和草酸的存在下，以过氧化氢为氧化剂，得到铁(Ⅲ)草酸配合物。主要反应为：

$$(NH_4)_2Fe(SO_4)_2 \cdot 6H_2O + H_2C_2O_4 \longrightarrow FeC_2O_4 \cdot 2H_2O \downarrow + (NH_4)_2SO_4 + H_2SO_4 + 4H_2O$$

$$6FeC_2O_4 \cdot 2H_2O + 3H_2O_2 + 6K_2C_2O_4 \longrightarrow 4K_3[Fe(C_2O_4)_3] \cdot 3H_2O + 2Fe(OH)_3 \downarrow$$

$$2Fe(OH)_3 + 3H_2C_2O_4 + 3K_2C_2O_4 \longrightarrow 2K_3[Fe(C_2O_4)_3] \cdot 3H_2O$$

改变溶剂极性并加少量盐析剂，可析出纯的绿色单斜晶体三草酸合铁(Ⅲ)酸钾。

3. 复盐硫酸亚铁铵 $[FeSO_4 \cdot (NH_4)_2SO_4 \cdot 6H_2O]$

复盐硫酸亚铁铵 $[FeSO_4 \cdot (NH_4)_2SO_4 \cdot 6H_2O]$ 又称莫尔盐，是浅蓝绿色的单斜晶体。它在空气中比一般亚铁盐稳定，不易被氧化，溶于水但不溶于乙醇。硫酸铵、硫酸亚铁铵和硫酸亚铁在不同温度下的溶解度见表4-1。

表4-1　$(NH_4)_2SO_4$、$FeSO_4 \cdot 7H_2O$、$(NH_4)_2Fe(SO_4)_2 \cdot 6H_2O$ 的溶解度

单位：$g \cdot (100g 水)^{-1}$

物质	温度/℃							
	10	20	30	40	50	60	70	80
$(NH_4)_2SO_4$	73.0	75.4	78.0	81.0	—	88.0	—	95.3
$FeSO_4 \cdot 7H_2O$	20.5	26.5	39.2	40.2	48.6	—	—	—
$(NH_4)_2Fe(SO_4)_2 \cdot 6H_2O$	18.1	26.9		38.5	—	53.4		73.0

4. $K_3[Fe(C_2O_4)_3] \cdot 3H_2O$ 的性质

$K_3[Fe(C_2O_4)_3] \cdot 3H_2O$ 是一种翠绿色的单斜晶体，298K 时，在 100g 水中的溶解度为 4.7g，110℃ 开始失去结晶水，230℃ 开始分解。见光、高温、强酸性条件下易分解，易溶

于水，难溶于醇、醚、酮等有机溶剂，是制备负载型活性铁催化剂的主要原料。

5. 盐析

盐析一般是指溶液中加入无机盐类而使溶解的物质析出的过程，如加浓$(NH_4)_2SO_4$使蛋白质凝聚的过程。

6. 感光液制备

三草酸合铁配合物具有光敏活性，在紫外线的作用下，发生光化学反应，产生二价铁，当二价铁与赤血盐相遇时产生滕氏蓝从而显蓝色。

$$2K_3[Fe(C_2O_4)_3] \xrightarrow{h\nu} 2FeC_2O_4 + 2CO_2\uparrow + 3K_2C_2O_4$$

$$K_3[Fe(CN)_6] + FeC_2O_4 \longrightarrow KFe[Fe(CN)_6](滕氏蓝) + K_2C_2O_4$$

【仪器与试剂】

仪器：托盘天平，抽滤装置（水泵、布氏漏斗、抽滤瓶），烧杯（500mL、250mL、100mL），水浴锅，表面皿，煤油温度计（0~100℃）。

试剂：$(NH_4)_2Fe(SO_4)_2\cdot6H_2O$，$H_2SO_4$（3.0mol·$L^{-1}$，1.0mol·$L^{-1}$），$H_2C_2O_4$（饱和），$K_2C_2O_4$（饱和），$KNO_3$（300.0g·$L^{-1}$），乙醇（95%），$K_3[Fe(CN)_6]$（5%），$H_2O_2$（3%）铁粉，$(NH_4)_2SO_4$。

【实验步骤】

1. 硫酸亚铁铵的制备

称取3.0g铁粉，放在锥形瓶中，加入20.0mL 3.0mol·L^{-1} H_2SO_4置于水浴中加热反应，反应装置应靠近通风口（为什么会产生臭鸡蛋气味?）。反应过程中，适当补充被蒸发掉的水分（尽可能维持原有液面刻度水平，加热不要过猛，控制反应温度在70~80℃），当反应基本完时，趁热过滤。滤液转移至小烧杯或蒸发皿中。观察滤纸上残渣的颜色、状态，烘干称量。

根据差量法大致估算反应掉的铁粉量，量取配制好的饱和硫酸铵溶液在蒸发皿中搅拌均匀后水浴加热浓缩。蒸发浓缩至液面出现晶膜为止（浓缩开始时可适当搅拌，后期不宜搅拌）。取出蒸发皿静置，冷却后减压抽滤。用少量的乙醇洗涤硫酸亚铁铵晶体两次，取出，干燥，称量。

2. 草酸亚铁的制备

称取5.0g硫酸亚铁铵固体放在250mL烧杯中，然后加15.0mL蒸馏水和5~6滴1.0mol·L^{-1} H_2SO_4，加热溶解后，再加入25.0mL饱和草酸溶液，加热搅拌至沸，然后迅速搅拌片刻，防止飞溅。停止加热，静置。待黄色晶体$FeC_2O_4\cdot2H_2O$沉淀后倾析，弃去上层清液，加入20.0mL蒸馏水洗涤晶体，搅拌并温热，静置，弃去上层清液，即得黄色晶体草酸亚铁。

3. 三草酸合铁(Ⅲ)酸钾的制备

往草酸亚铁沉淀中，加入饱和$K_2C_2O_4$溶液10.0mL，水浴加热313.0K，恒温下慢慢滴加3%的H_2O_2溶液20.0mL，沉淀转为深棕色。边加边搅拌，加完后将溶液加热至沸，然后趁热逐滴加入20.0mL饱和草酸溶液，沉淀立即溶解，溶液转为绿色。趁热抽滤，滤液转入100mL烧杯中，加入95%的乙醇25.0mL，混匀后冷却，可以看到烧杯底部有晶体析出。为了加快结晶速度，可往其中滴加几滴 KNO_3 溶液。晶体完全析出后，抽滤，用 95% 的乙醇 10.0mL 分多次淋洒滤饼，抽干混合液。固体产品置于一表面皿上，置暗处晾干。称重，计算三草酸合铁(Ⅲ)酸钾的产率。

4. 感光液的制备

将 0.5g 三草酸合铁(Ⅲ)酸钾溶于 5.0mL 蒸馏水中，滴加 5 滴 $K_3[Fe(CN)_6]$ (5%)，搅拌均匀后，玻璃棒蘸取溶液在纸面上写字，在日光下观察字迹颜色变化。

【问题与讨论】

1. 能否直接用三价铁制备三草酸合铁(Ⅲ)酸钾，如 $FeCl_3$ 等？

2. 为什么在滴加 H_2O_2 过程中需要控制温度？

3. 滴加 KNO_3 溶液起到什么作用？

4. 最后能否在析晶之前适当浓缩溶液？

5. 什么叫复盐？它与配合物有何区别？

6. 实验中为什么保持硫酸亚铁、硫酸亚铁铵溶液呈较强的酸性？

实验 22 混合碱的分析与测定

【实验目的】

1. 掌握利用双指示剂法分析和测定混合碱的组成和含量的基本原理和方法。
2. 巩固酸碱滴定的基本操作。

【基本原理】

1. 混合碱是指 Na_2CO_3、$NaOH$、$NaHCO_3$ 的各自混合物及类似的混合物，但不存在 $NaOH$ 和 $NaHCO_3$ 的混合物（为什么？）。

2. $0.1mol·L^{-1}$ 的 $NaOH$、Na_2CO_3、$NaHCO_3$ 溶液的 pH 分别为 13.0、11.6、8.3，用 $0.1mol·L^{-1}$ HCl 分别滴定 $0.1mol·L^{-1}$ $NaOH$、Na_2CO_3、$NaHCO_3$ 溶液时，如果以酚酞为指示剂，酚酞的变色范围为 8～10，因此，$NaOH$、Na_2CO_3 可以被滴定，$NaOH$ 转化为 $NaCl$，Na_2CO_3 转化为 $NaHCO_3$，为第一终点；而 $NaHCO_3$ 不被滴定，当以甲基橙（3.1～4.3）为指示剂时，$NaHCO_3$ 被滴定转化为 $NaCl$，为第二终点。

分析：

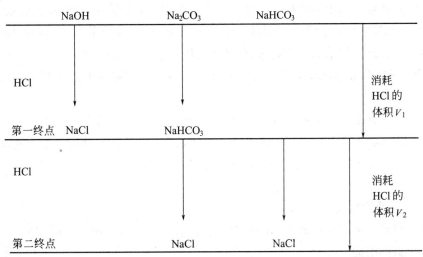

从上述分析可见，通过滴定不仅能够完成定量分析，还可以完成定性分析。

因为 Na_2CO_3 转化生成 $NaHCO_3$ 以及 $NaHCO_3$ 转化为 $NaCl$ 消耗 HCl 的量是相等的，所以，由 V_1 和 V_2 的大小可以判断混合碱的组成。

当 $V_1 > V_2$ 时，说明是 $NaOH$ 和 Na_2CO_3 组成混合碱；当 $V_1 < V_2$ 时，说明是 Na_2CO_3 和 $NaHCO_3$ 组成混合碱。

计算公式：

（1）$NaOH$ 和 Na_2CO_3 组成混合碱（$V_1 > V_2$）

$$w_{NaOH} = \frac{c(V_1 - V_2)M_{NaOH}}{m} \times 100\%$$

$$w_{Na_2CO_3} = \frac{cV_2M_{Na_2CO_3}}{m} \times 100\%$$

（2）Na_2CO_3 和 $NaHCO_3$ 组成混合碱($V_1 < V_2$)

$$w_{Na_2CO_3} = \frac{cV_1 \times M_{Na_2CO_3}}{m} \times 100\%$$

$$w_{NaHCO_3} = \frac{c(V_2 - V_1) \times M_{NaHCO_3}}{m} \times 100\%$$

当 $V_1 = 0$，$V_2 \neq 0$；$V_1 \neq 0$，$V_2 = 0$；$V_1 = V_2 \neq 0$ 时，又如何？

【仪器与试剂】

仪器：酸式滴定管（50mL），电子天平（0.1mg），容量瓶（250mL），移液管（25mL）。

试剂：盐酸（0.1mol·L^{-1}），酚酞（2g·L^{-1}乙醇溶液），甲基橙（0.2%），混合碱试样。

【实验步骤】

1. HCl标准溶液的标定

准确称量 0.10～0.12g 无水 Na_2CO_3 三份，分别置于 250mL 锥形瓶中，加入 25mL 蒸馏水溶解，滴加 2～3 滴甲基橙，用 HCl 标准溶液滴定至终点。

注意：终点时生成的是 H_2CO_3 饱和溶液，pH 为 3.9，为了防止终点提前，必须尽可能驱除 CO_2，接近终点时要剧烈振荡溶液，或者加热。

2. 混合碱分析

称取一定量的混合碱于小烧杯中，加入少许水溶解，定量转入 250mL 容量瓶中定容。

移取 25.00mL 混合碱溶液于 250mL 锥形瓶中，加入 3～4 滴酚酞指示剂，用 HCl 标准溶液滴定至第一终点。记录消耗 HCl 标准溶液的体积 V_1（mL）。再加入 3～4 滴甲基橙指示剂，用 HCl 标准溶液滴定至第二终点。记录消耗 HCl 标准溶液的总体积 V（mL）。平行操作三次。

注意：在第一终点时，生成 $NaHCO_3$ 应尽可能保证 CO_2 不丢失。而在第二终点时，生成 H_2CO_3 应尽可能驱除 CO_2。采取的措施：a. 接近终点时，滴定速度一定不能过快，否则造成 HCl 局部过浓，引起 CO_2 丢失；b. 摇动要缓慢，不要剧烈振动。

【数据处理】

1. 判断混合碱的组成

根据第一终点、第二终点消耗 HCl 标准溶液的体积 V_1(mL) 和 V_2(mL)($V_2 = V - V_1$)的大小判断混合碱的组成。

2. 计算分析结果

根据混合碱的组成，写出各自的滴定反应式，推出计算公式，计算各组分的含量。

（1）HCl标准溶液的标定

实验数据记入表 4-2。

表 4-2　HCl标准溶液的标定

项目	1	2	3
$m_{Na_2CO_3}$/g			
V_{HCl}/mL			
c_{HCl}/mol·L^{-1}			
平均 c_{HCl}/mol·L^{-1}			
相对平均偏差/%			

（2）混合碱的测定（写明组分）

实验数据记入表 4-3。

表 4-3　混合碱的测定

项目		1	2	3
第一终点	V_1/mL			
第二终点	V/mL			
	V_2/mL			
组分 1 含量/%				
组分 1 平均含量/%				
相对平均偏差/%				
组分 2 含量/%				
组分 2 平均含量/%				
相对平均偏差/%				

【注意事项】

1. 双指示剂法，由于使用了酚酞（由红色至无色）、甲基橙双色指示剂颜色变化不明显，分析结果的误差较大。可以采用对照的方法提高分析结果的准确度。

2. CO_2 的保护与驱除。在接近终点时，必须注意 CO_2 的保护与驱除，否则造成终点延后与提前。

【问题与讨论】

1. 双指示剂法测定混合碱的准确度较低，还有什么方法能提高分析结果的准确度？

2. 为什么一般都用强碱氢氧化钠滴定酸？

3. 为什么标准溶液的浓度一般都为 $0.1 mol \cdot L^{-1}$，而不宜过高或过低？

4. 酸碱滴定法中，选择指示剂的依据是什么？

5. 干燥的纯 NaOH 和 NaHCO₃ 按 2∶1 的质量比混合后溶于水，并用盐酸标准溶液滴定。使用酚酞为指示剂时用去盐酸的体积为 V_1，继续用甲基橙为指示剂，又用去盐酸的体积为 V_2，求 V_1/V_2。（保留 3 位有效数字）

实验 23　胃舒平药片中铝和镁含量的测定

【实验目的】

1. 学习药剂测定的前处理方法。
2. 学习用返滴定法测定铝的方法。
3. 掌握沉淀分离的操作方法。

【实验原理】

胃舒平主要成分为氢氧化铝、三硅酸铝及少量中药颠茄流浸膏，在制成片剂时还加了大量糊精等赋形剂。药片中 Al 和 Mg 的含量可用 EDTA 配位滴定法测定。

首先溶解样品，分离除去不溶于水的物质，然后分取试液加入过量的 EDTA 溶液，调节 pH 至 4 左右，煮沸使 EDTA 与 Al 配位完全，再以二甲酚橙为指示剂，用 Zn 标准溶液返滴过量的 EDTA，测出 Al 含量。另取试液，调节 pH 将 Al 沉淀分离后在 pH 为 10 的条件下以铬黑 T 作指示剂，用 EDTA 标准溶液滴定滤液中的 Mg。

【仪器与试剂】

仪器：滴定管（50mL），容量瓶（250mL），移液管（25mL），锥形瓶（250mL），烧杯（100mL）。

试剂：EDTA 标准溶液（$0.02mol \cdot L^{-1}$），Zn^{2+} 标准溶液（$0.02mol \cdot L^{-1}$），六亚甲基四胺（20％），三乙醇胺（1：2），氨水（1：1），盐酸（1：1），甲基红指示剂（0.2％乙醇溶液），铬黑 T 指示剂（0.2％），二甲酚橙指示剂（0.2％），NH_3-NH_4Cl 缓冲溶液（pH＝10）。

【实验步骤】

1. 样品处理

称取胃舒平药片 10 片，研细后从中称出药粉 2.0g 左右，加入 20.0mL HCl（1：1），加蒸馏水 100mL，煮沸，冷却后过滤，并以水洗涤沉淀，收集滤液及洗涤液于 250mL 容量瓶中，稀释至刻度，摇匀。

2. 铝的测定

准确吸取上述试液 5.00mL，加水至 25.0mL 左右，滴加 1：1 $NH_3 \cdot H_2O$ 溶液至刚出现浑浊，再加 1：1 HCl 溶液至沉淀恰好溶解，准确加入 EDTA 标准溶液 25.00mL，再加入 10.0mL 六亚甲基四胺溶液，煮沸 10min 并冷却后，加入二甲酚橙指示剂 2～3 滴，以 Zn^{2+} 标准溶液滴定至溶液由黄色变为红色，即为终点。根据 EDTA 加入量与 Zn^{2+} 标准溶液滴定体积，计算每片药片中 $Al(OH)_3$ 质量分数。

3. 镁的测定

吸取试液 25.00mL，滴加 1：1 $NH_3 \cdot H_2O$ 溶液至刚出现沉淀，再加 1：1 HCl 溶液至沉淀恰好溶解，加入 2.0g 固体 NH_4Cl，滴加六亚甲基四胺溶液至沉淀出现并过量 15.0mL，加热至 80℃，维持 10～15min，冷却后过滤，以少量蒸馏水洗涤沉淀数次，收集滤液与洗涤液于 250mL 锥形瓶中，加入三乙醇胺溶液 10.0mL、NH_3-NH_4Cl 缓冲溶液 10.0mL 及甲基红指示剂 1 滴、铬黑 T 指示剂少许，用 EDTA 标准溶液滴定至试液由暗红色转变为蓝绿色，即为终点。计算每片药片中 Mg（以 MgO 表示）的质量分数。

【数据处理】

（1）铝的测定

实验数据记入表 4-4。

表 4-4　铝的测定

次数　项目	1	2	3
m_1（药片）/g			
m_2（药粉）/g			
V_0（试液）/mL	25.00		
V_1（Zn，标始）/mL			
V_2（Zn，标终）/mL			
V_3（Zn，标）/mL			
$w_{Al(OH)_3}$/%			
$w_{Al(OH)_3}$平均值/%			

（2）镁的测定

实验数据记入表 4-5。

表 4-5　镁的测定

次数　项目	1	2	3
m_1（药片）/g			
m_2（药粉）/g			
V_0（试液）/mL	5.00		
V_1（EDTA，标）/mL	25.00		
V_2（EDTA，标始）/mL			
V_3（EDTA，标终）/mL			
V_4（EDTA，标）/mL			
w_{MgO}/%			
w_{MgO}平均值/%			

【注意事项】

1. 为使测定结果具有代表性，应取较多样品，研细后再取部分进行分析。

2. 测定镁时加入甲基红一滴可使终点更为敏锐。

【问题与讨论】

1. 本实验为什么要称取大样后，再分取部分试液进行滴定？

2. 在分离铝后的滤液中测定镁，为什么要加三乙醇胺？

实验 24　硫代硫酸钠的标定和维生素 C 片中维生素 C 含量的测定

【实验目的】

1. 学习碘量法标定硫代硫酸钠浓度的原理、方法与操作技能。
2. 巩固滴定分析实验操作技能。

【实验原理】

$Na_2S_2O_3 \cdot 5H_2O$ 容易风化、潮解，因此不能直接配制标准浓度的溶液，只能用间接法配制，为了获得浓度较稳定的标准 $Na_2S_2O_3$ 溶液，配制时，必须用新煮沸并冷却的蒸馏水，以抑制蒸馏水中 CO_2、微生物与 $Na_2S_2O_3$ 作用而使其分解，同时蒸馏水必须保持微碱性，防止 $Na_2S_2O_3$ 在酸性溶液中分解。

标定 $Na_2S_2O_3$ 的基本反应是：

$$I_2 + 2S_2O_3^{2-} \longrightarrow 2I^- + S_4O_6^{2-}$$

反应条件为中性或弱酸性。其中的 I_2 是由强氧化剂与 KI 定量反应所得，常用强氧化剂基准物一般为：KIO_3、$KBrO_3$、$K_2Cr_2O_7$ 等。与 KI 的反应为：

$$Cr_2O_7^{2-} + 6I^- + 14H^+ \longrightarrow 2Cr^{3+} + 3I_2 + 7H_2O$$

而 $K_2Cr_2O_7$ 与 KI 反应速率慢，因此，在氧化还原反应中，应充分了解反应速率，使滴定速率与反应速率相吻合。故在标定 $Na_2S_2O_3$ 时，$K_2Cr_2O_7$ 与 KI 作用必须 KI 过量，而且要放置一段时间使其充分应。

抗坏血酸又称维生素 C，分子式为 $C_6H_8O_6$，由于分子中的烯二醇基具有还原性，能被 I_2 氧化成二酮基：

维生素 C 的电极反应式为

$$C_6H_8O_6 \Longrightarrow C_6H_6O_6 + 2H^+ + 2e^- \quad E^\ominus = +0.18V$$

1mol 维生素 C 与 1mol I_2 定量反应，维生素 C 摩尔质量为 $176.12g \cdot mol^{-1}$。该反应可以用来测定药物、食品中的维生素 C 含量。

由于维生素 C 的还原性很强，在空气中极易被氧化，尤其是在碱性介质中。测定时加入 HAc 使溶液呈酸性，减少维生素 C 的副反应。

【仪器与试剂】

仪器：恒温水浴箱，烘箱，电子天平，烧杯（100mL，250mL），容量瓶（100mL，250mL），锥形瓶（250mL），试剂瓶（500mL 磨口瓶），洗瓶，洗耳球，酸式滴定管（50mL），碱式滴定管（50mL），移液管（25mL），刻度吸管（1.00ml，2.00mL，5.00mL，10.00mL），称量瓶。

试剂：邻苯二甲酸氢钾（s，AR），HAc（2.0mol·L^{-1}），淀粉溶液（5.0g·L^{-1}），Na$_2$S$_2$O$_3$·5H$_2$O（s，AR），K$_2$Cr$_2$O$_7$（s，AR），20%KI溶液，HCl（6.0mol·L^{-1}）。

【实验步骤】

1. 0.050mol·L^{-1}K$_2$Cr$_2$O$_7$标准溶液的配制

将分析纯K$_2$Cr$_2$O$_7$在150～180℃干燥2h，置于干燥器中冷却至室温。用电子天平称量法准确称取0.6129g于小烧杯中，加水溶解，定量转入250mL容量瓶中，稀至刻度摇匀。

2. 0.10mol·L^{-1}I$_2$溶液的配制

称取3.3g I$_2$和5.0g KI，置于研钵中，加入少量水研磨（通风橱中操作），待I$_2$全部溶解后，将溶液转入棕色试剂瓶中。加水稀释至250mL，摇匀，暗处保存。

3. 0.10mol·L^{-1}Na$_2$S$_2$O$_3$溶液的配制

称取Na$_2$S$_2$O$_3$·5H$_2$O 12.5g置于500mL烧杯中，加入约0.1g Na$_2$CO$_3$，用新煮沸经冷却的蒸馏水溶液稀释到500.0mL，保存于棕色瓶中，在暗处放置一周后再标定浓度。

4. 0.10mol·L^{-1}Na$_2$S$_2$O$_3$溶液的标定

用移液管吸取K$_2$Cr$_2$O$_7$溶液25.00mL于250mL锥形（碘）瓶中，加入5.0mL 6mol·L^{-1}HCl溶液，加入20%KI 5.0mL，摇匀后放在暗处5min后，立即用待标定的Na$_2$S$_2$O$_3$溶液滴定至淡黄色，加0.2%淀粉溶液5.0mL，继续用待标定的Na$_2$S$_2$O$_3$溶液滴定至蓝色刚好消失，计算浓度。平行3～5份，计算平均值。

5. I$_2$标准溶液的标定

吸取25.00mL Na$_2$S$_2$O$_3$·5H$_2$O标准溶液3份，分别置于250mL锥形瓶中，加入50.0mL水、2.0mL淀粉溶液，用I$_2$滴定至稳定的蓝色，0.5min不褪色即为终点。平行测定3～5份，计算I$_2$溶液的浓度。

6. 维生素C片（粒）中维生素C含量的测定

取维生素C片（粒）1～2片（粒）（质量大于0.2g），在研钵中研碎，准确称重后置于锥形瓶中，加10.0mL 2.0mol·L^{-1}HAc，加水30.0mL、淀粉指示剂2.0mL，立即用I$_2$标准溶液滴定至呈稳定的蓝色为终点，平行测定3～5份，计算百分含量。

【问题与讨论】

1. 配制Na$_2$S$_2$O$_3$所使用的蒸馏水为什么要先煮沸再冷却后才能使用？

2. 为什么要用强氧化剂与KI反应产生I$_2$来标定Na$_2$S$_2$O$_3$，而不能用氧化剂直接反应来标定Na$_2$S$_2$O$_3$？

实验 25　漂白粉中有效氯含量的测定

【实验目的】

1. 掌握间接碘量法的基本原理及滴定条件。
2. 掌握测定漂白粉中有效氯含量的操作方法。
3. 了解小量化实验方法。

【实验原理】

碘量法是以电极反应 $I_2+2e^-\longrightarrow 2I^-$ 为基础的滴定分析方法。$\varphi_{I_2/I^-}^{\ominus}=0.535V$，故 I_2 是中等强度的氧化剂，I^- 是中等强度的还原剂。利用 I_2 的氧化性和 I^- 的还原性进行滴定分析的方法称为碘量法。其中用 I^- 与氧化剂作用生成 I_2，再用 $Na_2S_2O_3$ 标准溶液滴定所生成的 I_2，从而间接测定氧化性物质含量的方法称为间接碘量法。间接碘量法有较广泛的应用。

漂白粉的主要成分是次氯酸钙和氯化钙。它与酸作用放出的氯气具有杀菌、消毒作用，称为有效氯。利用以下反应，可间接测定漂白粉中有效氯的含量：

$$Ca(ClO)Cl+H_2SO_4\longrightarrow CaSO_4+Cl_2\uparrow+H_2O$$

$$Cl_2+2KI\longrightarrow 2KCl+I_2$$

$$I_2+2Na_2S_2O_3\longrightarrow Na_2S_4O_6+2NaI$$

市售 $Na_2S_2O_3\cdot 5H_2O$ 一般含有少量杂质（如 S、Na_2SO_4、NaCl、Na_2CO_3 等），且易风化和潮解，因此不能用直接法配成标准溶液。$Na_2S_2O_3$ 溶液不稳定，水中的 CO_2、O_2 等会与 $Na_2S_2O_3$ 反应；水中的微生物如嗜硫菌等会使 $Na_2S_2O_3$ 分解。因此配制 $Na_2S_2O_3$ 溶液时必须用新煮沸过的冷蒸馏水，这样不仅可以除去水中的 CO_2 和 O_2，还能杀死细菌。加入少量 Na_2CO_3 作稳定剂，可以使 pH 值保持在 $9\sim 10$，以抑制细菌的生长。日光能促进 $Na_2S_2O_3$ 的分解，故应将 $Na_2S_2O_3$ 溶液贮存于棕色瓶中，置于避光处 $7\sim 10d$，使其分解作用充分进行后再标定。

标定 $Na_2S_2O_3$ 溶液可用碘标准溶液或基准物如 $K_2Cr_2O_7$、KIO_3、$KBrO_3$ 等。$KBrO_3$ 在酸性溶液中与过量 KI 作用生成 I_2，再用 $Na_2S_2O_3$ 溶液滴定 I_2：

$$BrO_3^-+6I^-+6H^+\longrightarrow Br^-+3I_2+3H_2O$$

$$I_2+2S_2O_3^{2-}\longrightarrow S_4O_6^{2-}+2I^-$$

根据化学反应，由基准物质 $KBrO_3$ 的质量和滴定所消耗的 $Na_2S_2O_3$ 溶液的体积，即可算出 $Na_2S_2O_3$ 溶液的准确浓度。

标定后的 $Na_2S_2O_3$ 溶液不宜长期保存，在使用一段时间后应重新标定。如果发现溶液变浑则表示有单质 S 析出，应弃去重新配制。

【仪器与试剂】

仪器：电子天平（0.1mg），称量瓶，烧杯（200mL），容量瓶（50mL），带塞锥形瓶（50mL），量筒（10mL），棕色试剂瓶（500mL），吸量管（5mL），微型滴定管，多用滴管，洗耳球。

试剂：20% KI，1% 淀粉溶液，$3.0mol\cdot L^{-1}$ H_2SO_4，Na_2CO_3（s，AR），$K_2Cr_2O_7$

（s，AR），$Na_2S_2O_3 \cdot 5H_2O$（s，AR），$KBrO_3$（s，AR），漂白粉。

【实验步骤】

（一）常量法

1. 配制 $Na_2S_2O_3$ 溶液

用台秤称取 $Na_2S_2O_3 \cdot 5H_2O$ 13.0g 和 0.1g Na_2CO_3 溶于 500mL 新煮沸过冷却的蒸馏水中。转入棕色瓶中，放置于避光处 7～10d 后标定。

2. $Na_2S_2O_3$ 溶液的标定

在电子天平上称取 0.27g（准确至 0.1mg）$KBrO_3$，置于 250mL 烧杯中，加入蒸馏水溶解，转入 100mL 容量瓶中，用少量蒸馏水洗涤烧杯三次，洗液全部转入容量瓶中。加水至刻度线，摇匀。计算此 $KBrO_3$ 标准溶液的浓度。

移取 $KBrO_3$ 标准溶液 20.00mL，放入洁净的 250mL 碘量瓶中，依次加入 20％ KI 溶液 10.0mL 和 3.0mol·L^{-1} H_2SO_4 10.0mL，加盖摇匀后置于暗处放 5min。加 150.0mL 蒸馏水，用待标定的 $Na_2S_2O_3$ 溶液滴定。接近终点时（溶液由深褐色变为浅黄色），加入 1％淀粉指示剂 5.0mL，溶液变蓝，继续滴定至溶液由蓝色刚好褪去即为终点，记下所用 $Na_2S_2O_3$ 溶液的体积，平行测定三次。按下式计算 $Na_2S_2O_3$ 溶液的浓度：

$$c_{Na_2S_2O_3} = \frac{m_{KBrO_3} \times 20.00 \times 6/100.00}{M_{KBrO_3} \times V_{Na_2S_2O_3}}$$

$M_{KBrO_3} = 167 \text{g} \cdot \text{mol}^{-1}$。

3. 漂白粉悬浊液的配制

用差量法称漂白粉 2.0g（准确至 0.1mg），放入 100mL 小烧杯中，加入少量蒸馏水将漂白粉调为糊状，再加适量的蒸馏水制成悬浮液。转入 250mL 容量瓶中，用少量蒸馏水洗涤烧杯三次，洗液全部转入容量瓶中。再加蒸馏水稀释至刻度线，摇匀。

4. 漂白粉中有效氯含量的测定

用移液管迅速吸取摇匀的漂白粉悬浊液 25.00mL，放入 250mL 碘量瓶中，加入 10.0mL 3.0mol·L^{-1} H_2SO_4 溶液和 15.0mL 20％ KI 溶液，加盖摇匀。放置暗处 5min 后，加入 80.0mL 蒸馏水，立即用 $Na_2S_2O_3$ 标准溶液滴定析出的 I_2，待大部分 I_2 被还原、溶液呈浅黄色时，加入 3.0mL 1％淀粉试液，溶液变蓝，继续滴定至蓝色刚好消失为止，平行测定三次。按下式计算漂白粉中有效氯的含量：

$$w_{有效氯} = \frac{c_{Na_2S_2O_3} \times V_{Na_2S_2O_3} \times M_{Cl}}{m \times 25.00/250.00} \times 100％$$

式中 m——漂白粉的质量。

（二）小量化分析

1. $Na_2S_2O_3$ 溶液的配制

在台秤上称取约 1.3g $Na_2S_2O_3 \cdot 5H_2O$ 于小烧杯中，用适量新煮沸过刚冷却的蒸馏水溶解后，加入约 0.01g Na_2CO_3，转入 50mL 棕色试剂瓶中，稀释至 50mL，摇匀，放置于避光处 7～10d 后标定。

2. $K_2Cr_2O_7$ 标准溶液的配制

在电子天平上精确称取 0.22～0.28g 已在 120℃恒温干燥至恒重的 $K_2Cr_2O_7$，置于小烧杯中，加少量蒸馏水溶解后，转入 50mL 容量瓶中。用少量蒸馏水洗涤小烧杯数次，洗涤液亦转入容量瓶中，加水至标线，摇匀。

3. $Na_2S_2O_3$ 溶液的标定

用吸量管吸取 $K_2Cr_2O_7$ 标准溶液 4.00mL，置于带塞锥形瓶中，加入 1.5mL 3.0mol·L^{-1} H_2SO_4 和 2.0mL 20% KI 溶液，盖好瓶盖并摇匀，于暗处放置 5min。

用多用滴管将 $Na_2S_2O_3$ 溶液加入微型滴定管中，使液面为零刻度。加 10.0mL 蒸馏水于从暗处取出的锥形瓶中，立即用 $Na_2S_2O_3$ 溶液滴定析出的 I_2，至溶液呈浅黄绿色时，加入淀粉试液 0.5mL，溶液变蓝。继续滴定至蓝色刚好消失，呈现浅绿色时为止。记录结果，重复操作至两次滴定的体积差小于 0.002mL。取两次测定的平均值。按下式计算 $Na_2S_2O_3$ 溶液的准确浓度：

$$c_{Na_2S_2O_3} = \frac{m_{K_2Cr_2O_7} \times 4.00 \times 6/50.00}{M_{K_2Cr_2O_7} \times V_{Na_2S_2O_3}}$$

$M_{K_2Cr_2O_7} = 294.2g·mol^{-1}$。

4. 漂白粉悬浊液的配制

在电子天平上精确称取 0.5～1 片漂白粉精片，置于研钵中，加少许蒸馏水研成糊状。小心地转入 50mL 容量瓶中，加蒸馏水至标线，摇匀。

5. 漂白粉中有效氯含量的测定

用吸量管迅速吸取摇匀的漂白粉悬浊液 4.00mL，置于锥形瓶中，加入 1.5mL 3.0mol·L^{-1} H_2SO_4 溶液和 2.0mL 20% KI 溶液，加盖摇匀。暗处放置 5min 后，加入 10.0mL 蒸馏水，立即用 $Na_2S_2O_3$ 溶液滴定析出的 I_2，到大部分 I_2 被还原、溶液呈浅黄色时，加入 0.5mL 淀粉试液，溶液变蓝，继续滴定至蓝色刚好消失为止。记录结果，重复操作至两次滴定的体积差小于 0.02mL。取两次测定的平均值，按下式计算漂白粉中有效氯的含量：

$$w_{有效氯} = \frac{c_{Na_2S_2O_3} \times V_{Na_2S_2O_3} \times M_{Cl}}{m \times 4.00/50.00} \times 100\%$$

式中　m——称取的漂白粉精片的质量。

【问题与讨论】

1. 用 $Na_2S_2O_3$ 溶液滴定 I_2 前，为什么要加水稀释溶液？

2. $Na_2S_2O_3$ 溶液的标定中，为什么要加入过量的 KI 和硫酸溶液？

3. 碘量瓶的作用类似于锥形瓶，但为什么要配上瓶塞？

4. 碘量法中，为什么淀粉指示剂要在接近终点时才能加入？

实验 26　化学实验中含铬废液的处理

【实验目的】

1. 了解含铬废液的处理方法。

2. 学习 721 型或 722 型分光光度计的使用。

【实验原理】

Cr(Ⅵ) 化合物对人体的危害很大，能引起皮肤溃疡、贫血、肾炎及神经炎，所以含铬废水必须经过处理达到排放标准才准排放。

Cr(Ⅲ) 的毒性远比 Cr(Ⅵ) 小，所以可用硫酸亚铁石灰法来处理含铬废液，使 Cr(Ⅵ) 转化为 Cr(Ⅲ) 难溶物除去。

Cr(Ⅵ) 与二苯碳酰二肼作用生成紫红色配合物，可进行比色测定，确定溶液中 Cr(Ⅵ) 的含量。Hg(Ⅰ，Ⅱ) 也与配位剂生成紫色化合物，但在实验的酸度条件下不灵敏。Fe(Ⅲ) 浓度超过 $1mg \cdot L^{-1}$ 时，能与试剂生成黄色溶液，后者可用 H_3PO_4 消除。

【仪器与试剂】

仪器：10mL 移液管，20.00mL 移液管，25.00mL 容量瓶 7 个，1000mL 容量瓶 1 个，721 型或 722 型分光光度计，2cm 比色皿 1 套。

试剂：1∶1 H_2SO_4 溶液，1∶1 H_3PO_4 溶液，二苯碳酰二肼，$FeSO_4 \cdot 7H_2O$ 固体，CaO 或 NaOH 固体，30% H_2O_2。

【实验步骤】

① 往含铬(Ⅵ)废液中逐滴加入 H_2SO_4 使呈酸性，然后加入足量 $FeSO_4 \cdot 7H_2O$ 固体充分搅拌，使溶液中的铬(Ⅵ)转化为铬(Ⅲ)。加入 CaO 或 NaOH 固体，将溶液调至 pH≈9，此时 $Cr(OH)_3$ 和 $Fe(OH)_3$ 等沉淀，可过滤除去。

② 将除去 $Cr(OH)_3$ 的滤液在碱性条件下加入足量 H_2O_2，使溶液中残留的 Cr(Ⅲ) 转化为 Cr(Ⅵ)。然后除去过量的 H_2O_2。

③ 配制 Cr(Ⅵ) 标准溶液：用 10mL 刻度移液管量取 10.00mL Cr(Ⅵ) 标准溶液 [此液 1mL 含 Cr(Ⅵ) 0.100mg] 放入 1000mL 容量瓶中，用蒸馏水稀释至刻度，摇匀备用。

用 10mL 刻度移液管分别移取 1.00mL、2.00mL、4.00mL、6.00mL、8.00mL、10.00mL 上面配制的 Cr(Ⅵ) 标准溶液，放入 6 支 25.00mL 容量瓶中；再用 20.00mL 大肚移液管移取 20.00mL 步骤②制备的样品液放入另一个 25.00mL 容量瓶中。

分别往上面 7 份溶液中各加入 5 滴 1∶1 H_2SO_4 和 5 滴 1∶1 H_3PO_4，摇匀后用移液管各加入 1.50mL 二苯碳酰二肼溶液，再定容，摇匀。用 721 型或 722 型分光光度计，以 540nm 波长、2cm 比色皿测定各溶液的吸光度。

【实验结果与讨论】

实验数据记录于表 4-6 中。

表 4-6　实验数据记录

序号	1	2	3	4	5	6	含铬废液
标准液体积/mL	1.00	2.00	4.00	6.00	8.00	10.00	20.00
吸光度 A							

1. 绘制（V-A）标准曲线，作吸光度-标准溶液中 $Cr(Ⅵ)$ 含量（μg）图。

2. 从曲线中查出含铬废液中 $Cr(Ⅵ)$ 的含量（μg）。

3. 求算废液中 $Cr(Ⅵ)$ 的含量，以 μg·mL^{-1} 表示。

【注意事项】

$FeSO_4·7H_2O$ 固体的加入量视溶液中 $Cr(Ⅵ)$ 的含量而定。可以在实验前取少量溶液进行实验而定。

【问题与讨论】

1. 在实验步骤①中，加入 CaO 或 $NaOH$ 固体后，首先生成的是什么沉淀？

2. 在实验步骤②中，为什么要除去过量的 H_2O_2？

第五部分

设计性实验

实验 27　三草酸合铁(Ⅲ)酸钾的组成分析

【实验目的】

1. 了解配合物组成分析的方法和手段。

2. 用化学分析、热分析、电荷测定、磁化率测定、红外光谱等方法确定三草酸合铁(Ⅲ)酸钾的组成，掌握有关结构测试的物理方法。

【实验原理】

三草酸合铁(Ⅲ)酸钾为绿色单斜晶体，水中溶解度 0℃时为 $4.7\mathrm{g} \cdot (100\mathrm{g~H_2O})^{-1}$，100℃时为 $118\mathrm{g} \cdot (100\mathrm{g~H_2O})^{-1}$，难溶于乙醇。100℃时脱去结晶水，230℃时分解。

要确定所得配合物的组成，必须综合应用各种方法。化学分析可以确定各组分的质量分数，从而确定化学式。

配合物中的金属离子的含量一般可通过容量滴定、比色分析或原子吸收光谱法确定，本实验配合物中的铁含量采用磺基水杨酸比色法测定。

配体草酸根的含量分析一般采用氧化还原滴定法确定（高锰酸钾法滴定分析）；也可用热分析法确定。红外光谱可定性鉴定配合物中所含有的结晶水和草酸根。用热分析法可定量测定结晶水和草酸根的含量，也可用气相色谱法测定不同温度时热分解产物中逸出气体的组分及其相对含量。

【仪器与试剂】

仪器：722 型分光光度计，红外光谱仪，差热天平（热分析仪），常用玻璃仪器，电磁搅拌器。

试剂：三草酸根合铁(Ⅲ)酸钾(s，AR)，Fe^{3+} 标准溶液 $(0.10\mathrm{mg} \cdot \mathrm{mL}^{-1})$，氯化钾(s，AR)，氨水（AR），磺基水杨酸（25%，AR），HCl（1:1）。

【实验步骤】

1. 配合物中铁含量的测定

称取 1.9640g 经重结晶后干燥的配合物晶体，溶于 80.0mL 水中，注入 1.0mL 体积比为 1:1 盐酸后，在 100mL 容量瓶中稀释到刻度。准确吸取上述溶液 5.00mL 于 500mL 容量瓶中，稀释到刻度，此溶液为样品溶液（溶液须保存在暗处，以避免草酸根合铁配离子见光分解）。

用吸量管分别吸取 0.00mL、2.50mL、5.00mL、10.00mL、12.50mL 铁标准溶液和 25.00mL 样品溶液于 100mL 容量瓶中，用蒸馏水稀释到约 50mL，加入 5.00mL 25% 的磺基水杨酸，用 1:1 氨水中和到溶液呈黄色，再加入 1.0mL 氨水，然后用蒸馏水稀释到刻度，摇匀。在分光光度计上，用 1cm 比色皿在 450nm 处进行比色，测定铁标准溶液和各样品溶液的吸光度。亦可用还原剂把 Fe^{3+} 还原为 Fe^{2+}，然后用 $KMnO_4$ 标准溶液滴定 Fe^{2+}，计算出 Fe^{2+} 含量。或可选择其它合适的方法来测定铁含量。

2. 草酸根含量的测定

把制得的草酸根合铁(Ⅲ)酸钾在于恒温干燥箱中 50～60℃干燥 1h，在干燥器中冷却至室温，精确称取样品约 0.1~0.15g（做两组平行实验取平均值）。放入 250mL 锥形瓶中，加入 25.0mL 水和 5.0mL 1.0mol·L^{-1} H_2SO_4，用 0.02000mol·L^{-1} $KMnO_4$ 标准溶液滴定。滴定时先滴入 8.0mL 左右的 $KMnO_4$ 标准溶液，然后加热到 343~358K（70~85℃）（不高于 358K）直至紫红色消失。再用 $KMnO_4$ 滴定热溶液，直至微红色在 30s 内不消失。记下消耗 $KMnO_4$ 标准溶液的总体积，计算草酸根合铁（Ⅲ）酸钾中草酸根的质量分数。

$$5C_2O_4^{2-} + 2MnO_4^- + 16H^+ \longrightarrow 10CO_2\uparrow + 2Mn^{2+} + 8H_2O$$

3. 热重分析

在瓷坩埚中，称取一定量磨细的配合物样品，按规定的操作步骤在热天平上进行热分解测定，升温到 550℃ 为止。记录不同温度时的样品质量。热分解产物中是否有碳酸盐可用盐酸来鉴定，亦可用气相色谱测定不同温度时热分解产物中逸出气的组分及其相对含量。

4. 红外光谱测定

分别测定重结晶的配合物和 550℃ 的热分解产物的红外光谱。

【数据处理】

1. 配合物中的铁含量测定

将分光光度法测定的实验结果记录于表 5-1。

表 5-1　配合物中铁含量的测定

编号	$V_{Fe^{3+}}$/mL	$c_{Fe^{3+}}$/μg·mL^{-1}	吸光度 A		
			1	2	平均
1	0	0			
2	2.5	2.5			
3	5.0	5.0			
4	7.5	7.5			
5	10	10			
样品	25	x			

以吸光度 A 为纵坐标，Fe^{3+} 含量为横坐标作图得一直线，即为 Fe^{3+} 的标准曲线。以样品的吸光度 A 在标准曲线上找到相应的 Fe^{3+} 含量，并计算样品中 Fe^{3+} 的含量。

2. 草酸根含量的测定

根据高锰酸钾溶液的用量计算草酸根的质量分数，实验数据记入表 5-2。

表 5-2　草酸根含量的测定

编号	$m_{样品}$/g	$V_{高锰酸钾}$/mL	$w_{C_2O_4^{2-}}$/%	$\overline{w}_{C_2O_4^{2-}}$/%
1				
2				
3				

3. 配合物的热重分析

由热重曲线（见图 5-1）计算样品的失重率，根据失重率可计算配合物中所含的结晶水。与各种可能的热分解反应的理论失重率相比较，参考红外光谱图，确定该配合物的组成。

可能的热分解反应（仅供参考）：

（1）　$K_3[Fe(C_2O_4)_3]·3H_2O \longrightarrow K_3[Fe(C_2O_4)_3] + 3H_2O$　11.00%

图 5-1 样品热重分析曲线

(2) $\quad 2K_3[Fe(C_2O_4)_3] \longrightarrow 3K_2C_2O_4 + 2FeC_2O_4 + 2CO_2 \quad 10.06\%$

或 $\quad K_3[Fe(C_2O_4)_3] \longrightarrow K_2C_2O_4 + FeC_2O_4 + \frac{1}{2}K_2CO_3 + CO_2 + \frac{1}{2}CO \quad 11.81\%$

(3) $\quad FeCO_3 + \frac{3}{2}K_2CO_3 \longrightarrow \frac{3}{2}K_2CO_3 + \frac{1}{4}Fe_3O_4 + \frac{1}{4}Fe + CO_2 \quad 8.83\%$

4. 配合物分子式的确定

根据 $n_{Fe^{3+}} : n_{C_2O_4^{2-}} = (w_{Fe^{3+}}/55.8) : (w_{C_2O_4^{2-}}/88.0)$ 可确定 Fe^{3+} 与 $C_2O_4^{2-}$ 的配位比。

由热重分析可得到结晶水的质量分数。

根据电荷平衡可确定 K^+ 的含量。或者由配合物减去结晶水、$C_2O_4^{2-}$、Fe^{3+} 的含量后即为 K^+ 的含量。

根据配合物各组分的含量，推算确定其化学式。

5. 红外光谱解析

由样品所测得的红外光谱图（图 5-2），根据基团的特征频率（见表 5-3）可说明样品中所含的基团，并与标准红外光谱图对照可以初步确定是何种配体和是否存在结晶水。

由热分解产物的红外光谱图（图 5-2）可以确定其中含有何种产物。

表 5-3 标准物 $K_3[Fe(C_2O_4)_3]$ 及其合成物的振动频率和谱带归属

标准物		合成物
振动频率/cm^{-1}	谱带归属	振动频率/cm^{-1}
1712	$\nu_a(C=O)$	1716.32
1677,1649	$\nu_a(C=O)$	
1390	$\nu_s(CO) + \nu(CO) + \delta(O—C=O)$	1386.59
1270,1255	$\nu(CO)$	1263.80
885	$\nu_s(CO) + \delta(O—C=O)$	890.49
797,785	$\delta(O—C=O) + \nu(MO)$	800.23
528	$\nu(MO) + \delta(CC)$	539.16

图 5-2　热分解产物红外光谱图

【注意事项】

三草酸合铁(Ⅲ)酸钾是一种亮绿色晶体，易溶于水难溶于丙酮等有机溶剂，它是光敏物质，见光分解。

$$2K_3[Fe(C_2O_4)_3] \longrightarrow 3K_2C_2O_4 + 2FeC_2O_4 + 2CO_2 \uparrow$$

【问题与讨论】

1. 确定配合物中的草酸根含量还可以采取什么方法？如何实现？

2. 结晶水的含量还可以采用什么方法测定？

3. 如何正确确定三草酸合铁(Ⅲ)酸钾的热分解产物？

实验 28　鸡蛋壳中钙、镁含量的测定

方法 I　配合滴定法测定蛋壳中钙、镁总量

【实验目的】

1. 进一步巩固掌握配位滴定分析的方法与原理。

2. 学习使用配位掩蔽排除干扰离子影响的方法。

3. 训练对实物试样中某组分含量测定的一般步骤。

【实验原理】

鸡蛋壳的主要成分为 $CaCO_3$，其次为 $MgCO_3$、蛋白质、色素以及少量的 Fe 和 Al。

在 pH＝10 时，用铬黑 T 作指示剂，EDTA 可直接测量 Ca^{2+}、Mg^{2+} 总量，为提高配合选择性，在 pH＝10 时，加入掩蔽剂三乙醇胺使之与 Fe^{3+}、Al^{3+} 等离子生成更稳定的配合物，以排除它们对 Ca^{2+}、Mg^{2+} 测量的干扰。

【仪器与试剂】

仪器：锥形瓶（250mL），容量瓶（250mL），烧杯，酒精灯，移液管（25mL）。

试剂：$6.0mol \cdot L^{-1}$ HCl，铬黑 T 指示剂，1∶2 三乙醇胺水溶液，$NH_4Cl-NH_3 \cdot H_2O$ 缓冲溶液（pH＝10），$0.01mol \cdot L^{-1}$ EDTA 标准溶液。

【实验步骤】

1. 蛋壳预处理

先将蛋壳洗净，加蒸馏水煮沸 5～10min，去除蛋壳内表层的蛋白薄膜，然后把蛋壳放于烧杯中用小火烤干，研成粉末。

2. 自拟定确定蛋壳称量范围的实验方案。

3. 钙镁总量的测定

准确称取一定量的蛋壳粉末，小心滴加 $6.0mol \cdot L^{-1}$ HCl 4～5mL，微火加热至完全溶解（少量蛋白膜不溶），冷却，转移至 250mL 容量瓶中，稀释至接近刻度线，若有泡沫，滴加 2～3 滴 95％乙醇，泡沫消除后，滴加水至刻度线摇匀。

吸取试液 25.00mL 置于 250mL 锥形瓶中，分别加去离子水 20.0mL，三乙醇胺 5.0mL，摇匀。再加 $NH_4Cl-NH_3 \cdot H_2O$ 缓冲液 10.0mL，摇匀。加入少量铬黑 T 指示剂，用 EDTA 标准溶液滴定至溶液由酒红色恰好变为纯蓝色且 30s 内颜色不褪去，即达终点，根据 EDTA 消耗的体积计算 Ca^{2+} 和 Mg^{2+} 总量，以 CaO 的含量表示。

【问题与讨论】

1. 如何确定蛋壳粉末的称量范围？（提示：先粗略确定蛋壳粉中钙、镁含量，再估计蛋壳粉的称量范围）

2. 蛋壳粉溶解稀释时为何加 95％乙醇可以消除泡沫？

3. 试列出求钙镁总量的计算式（以 CaO 含量表示）。

方法 II　酸碱滴定法测定鸡蛋壳中 CaO 的含量

【实验目的】

1. 学习用酸碱滴定方法测定 $CaCO_3$ 的原理及指示剂选择。

2. 巩固滴定分析基本操作。

【实验原理】

蛋壳中的碳酸盐能与 HCl 发生反应

$$CaCO_3 + 2H^+ \longrightarrow Ca^{2+} + CO_2 \uparrow + H_2O$$

过量的酸可用标准 NaOH 回滴，根据实际与 $CaCO_3$ 反应的标准盐酸体积求得蛋壳中 CaO 含量，以 CaO 的质量分数表示。

【仪器与试剂】

仪器：烧杯，试剂瓶，量筒，锥形瓶，电子天平，酸式滴定管，酒精灯。

试剂：浓 HCl（AR），NaOH（s，AR），0.1％甲基橙。

【实验步骤】

1. $0.5mol \cdot L^{-1}$ NaOH 配制

称 10.0g NaOH 固体于小烧杯中，加蒸馏水溶解后移至试剂瓶中用蒸馏水稀释至 500mL，加橡皮塞，摇匀。

2. $0.5mol \cdot L^{-1}$ HCl 配制

用量筒量取浓盐酸 21.0mL 于 500mL 容量瓶中，用蒸馏水稀释至 500mL，加盖，摇匀。

3. 酸碱标定

准确称取基准 Na_2CO_3 0.55～0.65g 3 份于锥形瓶中，分别加入 50.0mL 煮沸去 CO_2 并冷却的去离子水，摇匀，温热使溶解，后加入 1～2 滴甲基橙指示剂，用以上配制的 HCl 溶液滴定至橙色为终点。计算 HCl 溶液的精确浓度。再用该 HCl 标准溶液标定 NaOH 溶液的浓度。

4. CaO 含量测定

准确称取经预处理的蛋壳 0.3g（精确到 0.1mg）左右于 3 个锥形瓶内，用酸式滴定管逐滴加入已标定好的 HCl 标准溶液 40mL 左右（需精确读数），小火加热溶解，冷却，加甲基橙指示剂 1～2 滴，以 NaOH 标准溶液回滴至橙黄色。

【数据处理】

按滴定分析记录格式作表格，记录数据，按下式计算 w_{CaO}（质量分数）。

$$w_{CaO} = \frac{(c_{HCl}V_{HCl} - c_{NaOH}V_{NaOH}) \times \dfrac{56.08}{2}}{m_{样品}} \times 100\%$$

式中　$m_{样品}$——蛋壳质量。

【注意事项】

1. 蛋壳中钙主要以 $CaCO_3$ 形式存在，同时也有 $MgCO_3$，因此以 CaO 含量表示 Ca、Mg 总量。

2. 由于酸较稀，溶解时需加热一定时间，试样中有不溶物，如蛋白质之类，但不影响测定。

【问题与讨论】

1. 蛋壳称样量多少是依据什么估算的？

2. 蛋壳溶解时应注意什么？

3. 为什么说 w_{CaO} 是表示 Ca 与 Mg 的总量？

实验 29　茶叶中微量元素的鉴定与定量测定

【实验内容】

1. 设计茶叶等植物灰化和试液的制备方案。

2. 选择并设计合适的化学分析方法，定性鉴定和定量检测茶叶中 Fe、Al、Ca 及 Mg 微量元素。

3. 通过本实验方案的设计与实施，总结植物样品的定性鉴定和定量检测方法，提高综合运用知识的能力。

【实验原理】

茶叶属植物类，为有机体，主要成分由 C、H、N 和 O 等元素组成，另外还含有 Fe、Al、Ca 及 Mg 等微量金属元素。要对茶叶中的微量 Fe、Al、Ca 及 Mg 等元素定性鉴定，并对 Fe、Ca 及 Mg 进行定量检测，必须经过预处理。

首先需对茶叶进行"干灰化"，即试样在空气中置于敞口的蒸发皿或坩埚中加热，把有机物氧化分解而烧成灰烬。这一方法特别适用于植物和食品的预处理。

灰化后，经酸溶解，即得试液，可逐级进行分析。

① 铁、铝、钙及镁元素的鉴定根据铁、铝、钙、镁元素的特性分别设计方案进行鉴定之。

② 茶叶中 Ca 和 Mg 总量的测定可选用 EDTA 容量法。

③ Fe 含量的测定可用分光光度法。

【问题与讨论】

1. 应如何选择灰化的温度？

2. 欲测茶叶中 Al 含量，应如何设计方案？

3. 试讨论，pH 为何值时，能将 Fe^{3+}、Al^{3+} 与 Ca^{2+}、Mg^{2+} 分离完全？

4. 怎样鉴定大豆中微量铁？面粉中微量元素锌如何鉴定？

5. 油条中微量铝怎样鉴别？

【注意事项】

1. 茶叶尽量捣碎，利于灰化。

2. 灰化应彻底，若酸溶后发现有未灰化物，应定量过滤，将未灰化的重新灰化。

3. 茶叶灰化后，酸溶解速度较慢时可小火略加热，定量转移要完全。

4. 茶叶中的有机成分有咖啡碱、茶多酚（主要由儿茶素、黄酮和黄酮醇、花色素、酚酸及缩酚酸四大类化合物组成）。有关咖啡碱的提取，有机化学教材中有介绍。

实验 30　阳离子混合液和阴离子混合液的分离鉴定

【实验目的】

1. 掌握待测阳离子混合液分离与鉴定条件，并能进行分离和鉴定。
2. 掌握阴离子混合液的分离与鉴定条件，并能进行分离和鉴定。
3. 熟悉水浴加热、离心分离和沉淀的洗涤等基本操作技术。

【实验原理】

在实际生产过程中，无机定性分析的试样通常是多种离子的混合液。若它们之间存在干扰，要准确地鉴定它们就必须分离或掩蔽后进行鉴定。消除干扰可采用沉淀分离、配位掩蔽、氧化还原掩蔽以及萃取等手段，如用 KSCN 鉴定 Co^{2+} 时，Fe^{3+} 有干扰，可用酒石酸或 F^- 配位掩蔽 Fe^{3+}，也可用 Zn 或 $SnCl_2$ 还原掩蔽 Fe^{3+}，或在溶液中加入丙酮或乙醇萃取 $[Co(SCN)_4]^{2-}$ 在有机相中进行观察，消除 Fe^{3+} 对 Co^{2+} 鉴定反应的干扰。在这些方法中应用较多的是对阳离子用组试剂沉淀后离心分离，然后再将各组离子进行分离和鉴定。这种方法称为系统分析法。如硫化氢系统分析法，"两酸两碱"系统分析法等。

阴离子主要是由非金属元素或金属元素组成的简单离子和复杂离子，如 X^-、S^{2-}、SO_4^{2-}、ClO_3^-、$[Al(OH)_4]^-$、$[Fe(CN)_6]^{3-}$ 等。大多数阴离子在鉴定中彼此干扰较少，实际上可能共存的阴离子不多，且许多阴离子有特效反应，故常采用分别分析法。只有当先行推测或检出某些离子有干扰时才适当进行掩蔽或分离。由于同种元素可以组成多种阴离子，如硫元素有 S^{2-}、SO_3^{2-}、$S_2O_3^{2-}$、SO_4^{2-} 等，存在形式不同、性质各异，所以分析结果要求知道元素及其存在形式。

在进行混合阴离子的分析时，一般是利用阴离子的分析特性。①与酸反应放出气体，如阴离子 CO_3^{2-}、SO_3^{2-}、$S_2O_3^{2-}$、S^{2-} 和 NO_2^- 等。②水溶性，除碱金属盐和 NO_3^-、ClO_3^-、ClO_4^-、Ac^- 等阴离子形成的盐易溶解外，其余的盐类大多数是难溶的。常通过它们与 $AgNO_3$ 和 $BaCl_2$ 的反应所生成的钡盐和银盐的性质的差别来判断。③氧化还原性，除 Ac^-、CO_3^{2-}、SO_4^{2-} 和 PO_4^{3-} 外，绝大多数阴离子具不同程度的氧化还原性，如强还原性阴离子 S^{2-}、SO_3^{2-}、$S_2O_3^{2-}$，弱还原性阴离子 Cl^-、Br^-，中等还原性阴离子 I^-，在酸性介质中具有氧化性的 NO_3^-。根据它们所具有的这些特性，进行初步实验，确定离子存在的可能范围，然后进行个别离子的鉴定。

【仪器与试剂】

仪器：试管，离心试管，离心机。

试剂：S^{2-}、$S_2O_3^{2-}$、SO_3^{2-} 混合液，Fe^{3+}、Mn^{2+}、Al^{3+}、Zn^{2+} 混合液，其它药品自选。

【实验步骤】

1. 设计分离鉴定 S^{2-}、$S_2O_3^{2-}$、SO_3^{2-} 的方案，并进行实验。

提示：

① 在强碱性溶液中，鉴定 S^{2-} 用亚硝酰铁氰化钠，溶液显特殊紫红色确证有 S^{2-}。

② 利用 $PbCO_3$（$K_{sp}=7.4\times10^{-14}$）或 $CdCO_3$ 溶解度（$K_{sp}=5.2\times10^{-12}$）远大于 PbS（$K_{sp}=8.0\times10^{-29}$）或 CdS（$K_{sp}=8.0\times10^{-27}$），故可用 $PbCO_3$ 或 $CdCO_3$ 分离 S^{2-}，同时形成黄色 CdS 或黑色 PbS 沉淀，确证有 S^{2-}。

③ 利用 $SrSO_3$ 与 SrS_2O_3 溶解度的差异（$SrSO_3$ 微溶，而 SrS_2O_3 可溶于水），可用 $SrCl_2$ 或 $Sr(NO_3)_2$ 来分离它们。

2. 设计分离鉴定 Fe^{3+}、Mn^{2+}、Al^{3+}、Zn^{2+} 的方案，并进行实验。

提示：

① Fe^{3+}、Mn^{2+} 可分别鉴定。

② Fe^{3+}、Mn^{2+}、Al^{3+}、Zn^{2+} 的分离。取 $0.5\sim1mL$ 试液，加入 2 滴 $3.0mol\cdot L^{-1}$ NH_4Cl，加 $6.0mol\cdot L^{-1}$ 氨水至生成沉淀后，再多加 3 滴，搅拌，加热。冷却后离心分离，用 $0.3mol\cdot L^{-1}$ NH_4Cl 溶液洗涤沉淀 $1\sim2$ 次，洗涤液与离心液合并，离心液用于鉴定 Zn^{2+}。

③ Fe^{3+}、Mn^{2+} 与 Al^{3+} 的分离。在步骤②的沉淀中，加 3 滴蒸馏水、6 滴 $6.0mol\cdot L^{-1}$ $NaOH$ 溶液，搅动，加热，离心分离。沉淀不再鉴定。离心液用于 Al^{3+} 的鉴定。

④ Zn^{2+} 和 Mn^{2+} 的分离。在步骤②的离心液中，加入 5 滴 $6.0mol\cdot L^{-1}NaOH$ 溶液后，加 6 滴蒸馏水、2 滴 $3\%H_2O_2$，混合均匀，水浴加热，分解剩余的 H_2O_2。如有沉淀生成，离心分离，弃去沉淀。离心液用于鉴定 Zn^{2+}。

【问题与讨论】

1. 在上述阴离子混合液的鉴定中，为何不用 HNO_3？

2. 在上述阳离子混合液②的分离步骤中，为何不能只用氨水？

实验 31　TiO₂ 纳米材料的制备与表征

【实验目的】

1. 了解 TiO₂ 纳米材料制备的方法。
2. 掌握用溶胶-凝胶法制备 TiO₂ 纳米材料的原理和过程。
3. 掌握表征纳米材料的标准手段和分析方法。

【实验原理】

胶体是一种分散相粒径很小的分散体系，分散相粒子的重力可以忽略，粒子之间的相互作用主要是短程作用力。溶胶（sol）是具有液体特征的胶体体系，分散的粒子是固体或者大分子，分散的粒子粒径大小在 1～100nm 之间。凝胶（gel）是具有固体特征的胶体体系，被分散的物质形成连续的网状骨架，骨架空隙中充有液体或气体，凝胶中分散相的含量很低，一般在 1%～3% 之间。溶胶与凝胶的最大不同在于：溶胶具有良好的流动性，其中的胶体质点是独立的运动单位，可以自由行动；凝胶的胶体质点相互联结，在整个体系内形成网络结构，液体包在其中，凝胶流动性较差。

溶胶-凝胶法（sol-gel）是化学合成方法之一，是 20 世纪 60 年代中期发展起来的制备玻璃、陶瓷和许多固体材料的一种工艺。即将金属醇盐或无机盐经水解直接形成溶胶或经解凝形成溶胶，然后使溶质聚合凝胶化，再将凝胶干燥、焙烧去除有机成分，最后得到无机材料。主要用来制备薄膜和粉体材料。

溶胶-凝胶法制备 TiO₂ 通常以钛醇盐 Ti(OR)₄ 为原料，合成工艺（图 5-3）为将钛醇盐溶于溶剂中形成均相溶液，逐滴加入水后，钛醇盐发生水解反应，同时发生失水和失醇缩聚反应，生成 1nm 左右粒子并形成溶胶，经陈化，溶胶形成三维网络而成凝胶，凝胶在恒温箱中加热以去除残余水分和有机溶剂，得到干凝胶，经研磨后煅烧，除去吸附的羟基和烷基团以及物理吸附的有机溶剂和水，得到纳米 TiO₂ 粉体。

图 5-3　sol-gel 法工艺流程图

本实验采用钛酸正丁酯作为合成纳米二氧化钛的原料，由于钛酸正丁酯水解速率相当快，因此控制其水解速率成为钛酸酯溶胶凝胶过程是一个至关重要的环节。通常需要对钛酸酯进行化学修饰，引入对水解相对稳定的功能性基团，有效控制金属烷氧化合物的水解，本实验中采用乙酰丙酮。

【仪器与试剂】

仪器：常用常压化学合成仪器一套，电磁搅拌器，烘箱，马弗炉，扫描电镜，XRD。

试剂：钛酸正丁酯，无水乙醇，乙酰丙酮，硝酸。

【实验步骤】

溶胶-凝胶法以钛醇盐 $Ti(OR)_4$ 为原料，合成工艺如下。

1. 水浴加热集热式恒温磁力搅拌器至 65℃左右，安装三口烧瓶装置、温度计和滴液漏斗，量取 60mL 的无水乙醇置于三口烧瓶中。

2. 将 30.0mL 的钛酸四丁酯[$Ti(OC_4H_9)_4$]装入滴液漏斗，自滴液漏斗缓慢滴加钛酸四丁酯[$Ti(OC_4H_9)_4$]至装有无水乙醇三口烧瓶中，保持反应温度为 65℃左右，约 0.5h 滴加完毕。

3. 滴加完毕后，将 3.0mL 乙酰丙酮装入滴液漏斗，自滴液漏斗缓慢滴加乙酰丙酮至三口烧瓶中，滴加完毕，再搅拌 0.5h。

4. 将 1.1mL 硝酸、9.0mL 去离子水、32.0mL 无水乙醇预先混合，装入滴液漏斗，再缓慢加入到三口烧瓶中，0.5h 滴加完毕，再搅拌 3h，得到二氧化钛溶胶，陈化 12h。

5. 制备的二氧化钛溶胶置于 60℃的真空干燥箱中干燥 24h，得到二氧化钛凝胶。

6. 将制备的凝胶置于坩埚中，按照一定的升温曲线，600℃烧成并保温 2h，得到二氧化钛粉末。

7. 表征：用扫描电镜和 XRD 分析确定不同煅烧温度和时间对粉末晶体结构的影响。

【注意事项】

该实验分组进行，最后将所有结果汇总并比较。

实验 32　植物中某些元素含量的测定

【实验目的】

了解从周围植物中分离和鉴定化学元素的方法。

【实验原理】

植物有机体主要由 C、H、O、N 等元素组成，此外还有 Ca、Mg、Al、Fe 四种金属元素和 P、I 两种非金属元素。

PO_4^{3-} 的鉴定不受其它几种金属离子的干扰，可直接用钼酸铵法鉴定。

Ca^{2+}、Mg^{2+}、Al^{3+}、Fe^{3+} 可通过控制溶液的 pH 进行分离鉴定，下面分别列出相应的氢氧化物完全沉淀时 pH 的范围：>13.0、>11.0、>4.7、>3.2。注意在 pH>7.8 时，两性氢氧化物 $Al(OH)_3$ 开始溶解。

Ca^{2+} 的鉴定可用草酸铵法：$Ca^{2+} + C_2O_4^{2-} \longrightarrow CaC_2O_4 \downarrow$（白色）

Mg^{2+} 的鉴定可在强碱性条件下加镁试剂生成蓝色沉淀来鉴定。

Al^{3+} 的鉴定可在微碱性条件下加铝试剂（金黄色素三羧酸铵）生成红色沉淀的方法来鉴定。

Fe^{3+} 可与 KSCN 或 NH_4SCN 生成血红色配合物。Fe^{3+} 还可与黄血盐生成蓝色沉淀。

【仪器与试剂】

仪器：蒸发皿，酒精灯，研钵，烧杯，漏斗，铁架台，玻璃棒。

试剂：HCl（$2.0mol \cdot L^{-1}$），HNO_3（浓），HAc（$1.0mol \cdot L^{-1}$），NaOH（$2.0mol \cdot L^{-1}$），广泛 pH 试纸及鉴定 Ca^{2+}、Mg^{2+}、Al^{3+}、Fe^{3+}、PO_4^{3-} 所用的试剂，松枝，茶叶，海带。

【实验步骤】

1. 从松技、柏技、茶叶等植物中任选一种鉴定 Ca、Mg、Fe 和 Al

取约 5.0g 已洗净且干燥的植物枝叶（青叶用量适当增加），放在蒸发皿中，在通风橱内用酒精灯加热灰化，然后用研钵将植物灰研细。取一勺灰粉（约 0.5g）于 10.0mL（$2mol \cdot L^{-1}$）盐酸中，加热并搅拌促使溶解，过滤。

自拟方案鉴定滤液中 Ca^{2+}、Mg^{2+}、Al^{3+}、Fe^{3+}。

2. 从松枝、柏枝、茶叶等植物中任选一种鉴定磷

同上方法制得植物灰粉，取一勺于 $2.0mol \cdot L^{-1}$ 浓 HNO_3 中溶解，然后加水 30.0mL 稀释，过滤。

自拟方案鉴定滤液中的 PO_4^{3-}。

3. 海带中碘的鉴定

将海带用上述的方法灰化，并搅拌促使溶解，过滤。

自拟方案鉴定滤液中的 I^-。

【注意事项】

1. 以上各离子的鉴定方法可参考本书相关章节，注意鉴定的条件及干扰离子。

2. 由于在植物中以上欲鉴定元素的含量一般都不高，所得滤液中这些离子浓度往往较低，鉴定时取量不宜太少，一般可取 1mL 左右进行鉴定。

3. Fe^{3+} 对 Mg^{2+}、Al^{3+} 鉴定均有干扰，鉴定前应加以分离。可采用控制 pH 方法先将 Ca^{2+}、Mg^{2+} 与 Al^{3+}、Fe^{3+} 分离，然后再将 Al^{3+}、Fe^{3+} 分离。

【问题与讨论】

1. 植物中还可能含有哪些元素？如何鉴定？

2. 为了鉴定 Mg^{2+}，某学生进行如下实验：植物灰用较浓的 HCl 浸涪后，过滤。滤液用 $NH_3 \cdot H_2O$ 中和至 pH＝7，过滤。在所得的滤液中加几滴 NaOH 溶液和镁试剂，发现得不到蓝色沉淀。试解释实验失败的原因。

附 录

附录1　298.15K 时各种酸的酸常数

化　学　式	K_a	pK_a	化　学　式	K_a	pK_a
无机酸			无机酸		
H_3AsO_4	5.50×10^{-3}	2.26	HSO_4^-	1.02×10^{-2}	1.99
$H_2AsO_4^-$	1.73×10^{-7}	6.76	H_2SO_3	1.41×10^{-2}	1.85
$HAsO_4^{2-}$	5.13×10^{-12}	11.29	HSO_3^-	6.31×10^{-8}	7.20
H_2BO_3	5.75×10^{-10}	9.24	$H_2S_2O_3$	2.50×10^{-1}	0.60
H_2CO_3	4.46×10^{-7}	6.35	$HS_2O_3^-$	1.90×10^{-2}	1.72
HCO_3^-	4.68×10^{-11}	10.33	两性氢氧化物		
$HClO_3$	5×10^2		$Al(OH)_3$	4×10^{-13}	12.40
$HClO_2$	1.15×10^{-2}	1.94	$SbO(OH)_2$	1×10^{-11}	11.00
H_2CrO_4	1.82×10^{-1}	0.74	$Cr(OH)_2$	9×10^{-17}	16.05
$HCrO_4^-$	3.2×10^{-7}	6.49	$Cu(OH)_2$	1×10^{-19}	19.00
HF	6.31×10^{-4}	3.20	$HCuO_2^-$	7.0×10^{-14}	13.15
H_2O_2	2.40×10^{-12}	11.62	$Pb(OH)_2$	4.6×10^{-16}	15.34
HI	3×10^{-9}	8.52	$Sn(OH)_4$	1×10^{-32}	32.00
H_2S	8.90×10^{-8}	7.05	$Sn(OH)_2$	3.8×10^{-15}	14.42
HS^-	1.20×10^{-13}	12.92	$Zn(OH)_2$	1.0×10^{-29}	29.00
$HBrO$	2.82×10^{-9}	8.55	金属离子		
$HClO$	3.98×10^{-8}	7.4	Al^{3+}	1.4×10^{-5}	4.85
HIO	2.29×10^{-11}	10.64	NH_4^+	5.60×10^{-10}	9.25
$H_2C_2O_4$	5.90×10^{-2}	1.25	Cu^{2+}	1×10^{-8}	8.00
$HC_2O_4^-$	6.46×10^{-5}	4.19	Fe^{3+}	4.0×10^{-3}	2.40
HNO_2	5.62×10^{-4}	3.25	Fe^{2+}	1.2×10^{-6}	5.92
$HClO_4$	3.5×10^2		Mg^{2+}	2×10^{-12}	11.70
HIO_4	5.6×10^3		Hg^{2+}	2×10^{-3}	2.70
$HMnO_4$	2.0×10^2		Zn^{2+}	2.5×10^{-10}	9.60
H_3PO_4	7.5×10^{-3}	2.12	有机酸		
$H_2PO_4^-$	6.23×10^{-8}	7.21	CH_3COOH	1.75×10^{-5}	4.76
HPO_4^{2-}	2.20×10^{-12}	11.67	C_6H_5COOH	6.2×10^{-5}	4.21
H_2SiO_3	1.70×10^{-10}	9.77	$HCOOH$	1.772×10^{-4}	3.77
$HSiO_3^-$	1.52×10^{-12}	11.8	HCN	6.16×10^{-10}	9.21

附录2　298.15 K 时各种碱的碱常数

化　学　式	K_b	pK_b	化　学　式	K_b	pK_b
CH_3COO^-	5.71×10^{-10}	9.24	NO_3^-	5×10^{-17}	16.30
NH_3	1.8×10^{-4}	3.90	NO_2^-	1.92×10^{-11}	10.71
$C_6H_5NH_2$	4.17×10^{-10}	9.38	$C_2O_4^{2-}$	1.6×10^{-10}	9.80
AsO_4^{3-}	3.3×10^{-12}	11.48	$HC_2O_4^-$	1.79×10^{-13}	12.75
$HAsO_4^{2-}$	9.1×10^{-8}	7.04	MnO_4^-	5.0×10^{-17}	16.30
$H_2AsO_4^-$	1.5×10^{-12}	11.82	PO_4^{3-}	4.55×10^{-2}	1.34
$H_2BO_3^-$	1.6×10^{-5}	4.80	HPO_4^{2-}	1.61×10^{-7}	6.79

化 学 式	K_b	pK_b	化 学 式	K_b	pK_b
Br^-	1×10^{-23}	23.0	$H_2PO_4^-$	1.33×10^{-12}	11.88
CO_3^{2-}	1.78×10^{-4}	3.75	SiO_3^{2-}	6.76×10^{-3}	2.17
HCO_3^-	2.33×10^{-8}	7.63	$HSiO_3^-$	3.1×10^{-5}	4.51
Cl^-	3.02×10^{-23}	22.52	SO_4^{2-}	1.0×10^{-12}	12.00
CN^-	2.03×10^{-5}	4.69	SO_3^{2-}	2.0×10^{-7}	6.70
$(C_2H_5)_2NH$	8.51×10^{-4}	3.07	HSO_3^-	6.92×10^{-13}	12.16
$(CH_3)_2NH$	5.9×10^{-4}	3.23	S^{2-}	8.33×10^{-2}	1.08
$C_2H_5NH_2$	4.3×10^{-4}	3.37	HS^-	1.12×10^{-7}	6.95
F^-	2.83×10^{-11}	10.55	SCN^-	7.09×10^{-14}	13.15
$HCOO^-$	5.64×10^{-11}	10.25	$S_2O_3^{2-}$	4.00×10^{-14}	13.40
I^-	3×10^{-24}	23.52	$(C_2H_5)_3N$	5.2×10^{-4}	3.28
CH_3NH_2	4.2×10^{-4}	3.38	$(CH_3)_3N$	6.3×10^{-5}	4.20

附录3 一些难溶化合物的溶度积（298.15 K）

化合物	K_{sp}	化合物	K_{sp}	化合物	K_{sp}
$AgAc$	1.94×10^{-3}	$CdCO_3$	1.0×10^{-12}	Li_2CO_3	8.15×10^{-4}
$AgBr$	5.35×10^{-13}	CdF_2	6.44×10^{-3}	$MgCO_3$	6.82×10^{-6}
$AgBrO_3$	5.38×10^{-5}	$Cd(IO_3)_2$	2.5×10^{-8}	MgF_2	5.16×10^{-11}
$AgCN$	5.97×10^{-17}	$Cd(OH)_2$	7.2×10^{-15}	$Mg(OH)_2$	5.61×10^{-12}
$AgCl$	1.77×10^{-10}	CdS	8.0×10^{-27}	$Mg_3(PO_4)_2$	1.04×10^{-24}
AgI	8.52×10^{-17}	$Cd_3(PO_4)_2$	2.53×10^{-33}	$MnCO_3$	2.24×10^{-11}
$AgIO_3$	3.17×10^{-8}	$Co_3(PO_4)_2$	2.05×10^{-35}	$Mn(IO_3)_2$	4.37×10^{-7}
$AgSCN$	1.03×10^{-12}	$CuBr$	6.27×10^{-9}	$Mn(OH)_2$	2.06×10^{-13}
Ag_2CO_3	8.46×10^{-12}	CuC_2O_4	4.43×10^{-10}	MnS	2.5×10^{-13}
$Ag_2C_2O_4$	5.40×10^{-12}	$CuCl$	1.72×10^{-7}	$NiCO_3$	1.42×10^{-7}
Ag_2CrO_4	1.12×10^{-12}	CuI	1.27×10^{-12}	$Ni(IO_3)_2$	4.71×10^{-5}
Ag_2S	6.3×10^{-50}	CuS	6.3×10^{-36}	$Ni(OH)_2$	5.48×10^{-16}
Ag_2SO_3	1.50×10^{-14}	$CuSCN$	1.77×10^{-13}	$\alpha\text{-}NiS$	3.2×10^{-19}
Ag_2SO_4	1.20×10^{-5}	Cu_2S	2.5×10^{-48}	$Ni_3(PO_4)_2$	4.74×10^{-32}
Ag_3AsO_4	1.03×10^{-22}	$Cu_3(PO_4)_2$	1.40×10^{-37}	$PbCO_3$	7.40×10^{-14}
Ag_3PO_4	8.89×10^{-17}	$FeCO_3$	3.13×10^{-11}	$PbCl_2$	1.70×10^{-5}
$Al(OH)_3$	1.1×10^{-33}	FeF_2	2.36×10^{-6}	PbF_2	3.3×10^{-8}
$AlPO_4$	9.84×10^{-21}	$Fe(OH)_2$	4.87×10^{-17}	PbI_2	9.8×10^{-9}
$BaCO_3$	2.58×10^{-9}	$Fe(OH)_3$	2.79×10^{-39}	$PbSO_4$	2.53×10^{-8}
$BaCrO_4$	1.17×10^{-10}	FeS	6.3×10^{-18}	PbS	8.0×10^{-28}
BaF_2	1.84×10^{-7}	HgI_2	2.9×10^{-29}	$Pb(OH)_2$	1.43×10^{-20}
$Ba(IO_3)_2$	4.01×10^{-9}	HgS	4×10^{-53}	$Sn(OH)_2$	5.45×10^{-27}
$BaSO_4$	1.08×10^{-10}	Hg_2Br_2	6.40×10^{-23}	SnS	1.0×10^{-25}
$BiAsO_4$	4.43×10^{-10}	Hg_2CO_3	3.6×10^{-17}	$SrCO_3$	5.60×10^{-10}
CaC_2O_4	2.32×10^{-9}	$Hg_2C_2O_4$	1.75×10^{-13}	SrF_2	4.33×10^{-9}
$CaCO_3$	3.36×10^{-9}	Hg_2Cl_2	1.43×10^{-18}	$Sr(IO_3)_2$	1.14×10^{-7}
CaF_2	3.45×10^{-11}	Hg_2F_2	3.10×10^{-6}	$SrSO_4$	3.44×10^{-7}
$Ca(IO_3)_2$	6.47×10^{-6}	Hg_2I_2	5.2×10^{-29}	$ZnCO_3$	1.46×10^{-10}
$Ca(OH)_2$	5.02×10^{-6}	Hg_2SO_4	6.5×10^{-7}	ZnF_2	3.04×10^{-2}
$CaSO_4$	4.93×10^{-5}	$KClO_4$	1.05×10^{-2}	$Zn(OH)_2$	3×10^{-17}
$Ca_3(PO_4)_2$	2.07×10^{-33}	K_2PtCl_6	7.48×10^{-6}	$\alpha\text{-}ZnS$	1.6×10^{-24}

注：本表资料主要引自 Lide D R. CRC Handbook of Chemistry and Physics，90th ed，New York：CRC Press，2010。硫化物的 K_{sp}引自 Lange's Handbook of Chemistry，16th ed，2005：1331-1342。

附录4 一些还原半反应的标准电极电势 $\varphi^{\ominus}$ (298.15K)

半反应	$\varphi^{\ominus}/V$	半反应	$\varphi^{\ominus}/V$
$Sr^+ + e^- \rightleftharpoons Sr$	-4.10	$Sn^{4+} + 2e^- \rightleftharpoons Sn^{2+}$	0.151
$Li^+ + e^- \rightleftharpoons Li$	-3.0401	$Cu^{2+} + e^- \rightleftharpoons Cu^+$	0.153
$Ca(OH)_2 + 2e^- \rightleftharpoons Ca + 2OH^-$	-3.02	$Fe_2O_3 + 4H^+ + 2e^- \rightleftharpoons 2FeOH^+ + H_2O$	0.16
$K^+ + e^- \rightarrow K$	-2.931	$SO_4^{2-} + 4H^+ + 2e^- \rightleftharpoons H_2SO_3 + H_2O$	0.172
$Ba^{2+} + 2e^- \rightleftharpoons Ba$	-2.912	$AgCl + e^- \rightleftharpoons Ag + Cl^-$	0.22233
$Ca^{2+} + 2e^- \rightleftharpoons Ca$	-2.868	$As_2O_3 + 6H^+ + 6e^- \rightleftharpoons 2As + 3H_2O$	0.234
$Na^+ + e^- \rightleftharpoons Na$	-2.71	$HAsO_2 + 3H^+ + 3e^- \rightleftharpoons As + 2H_2O$	0.248
$Mg^{2+} + 2e^- \rightleftharpoons Mg$	-2.372	$Hg_2Cl_2 + 2e^- \rightleftharpoons 2Hg + 2Cl^-$	0.26808
$Mg(OH)_2 + 2e^- \rightleftharpoons Mg + 2OH^-$	-2.690	$Cu^{2+} + 2e^- \rightleftharpoons Cu$	0.3419
$Al(OH)_3 + 3e^- \rightleftharpoons Al + 3OH^-$	-2.31	$Ag_2O + H_2O + 2e^- \rightleftharpoons 2Ag + 2OH^-$	0.342
$Be^{2+} + 2e^- \rightleftharpoons Be$	-1.847	$[Fe(CN)_6]^{3-} + e^- \rightleftharpoons [Fe(CN)_6]^{4-}$	0.358
$Al^{3+} + 3e^- \rightleftharpoons Al$	-1.662	$[Ag(NH_3)_2]^+ + e^- \rightleftharpoons Ag + 2NH_3$	0.373
$Mn(OH)_2 + 2e^- \rightleftharpoons Mn + 2OH^-$	-1.56	$O_2 + 2H_2O + 4e^- \rightleftharpoons 4OH^-$	0.401
$ZnO + H_2O + 2e^- \rightleftharpoons Zn + 2OH^-$	-1.260	$H_2SO_3 + 4H^+ + 4e^- \rightleftharpoons S + 3H_2O$	0.449
$H_2BO_3^- + 5H_2O + 8e^- \rightleftharpoons BH_4^- + 8OH^-$	-1.24	$IO^- + H_2O + 2e^- \rightleftharpoons I^- + 2OH^-$	0.485
$Mn^{2+} + 2e^- \rightleftharpoons Mn$	-1.185	$Cu^+ + e^- \rightleftharpoons Cu$	0.521
$2SO_3^{2-} + 2H_2O + 2e^- \rightleftharpoons S_2O_4^{2-} + 4OH^-$	-1.12	$I_2 + 2e^- \rightleftharpoons 2I^-$	0.5355
$PO_4^{3-} + 2H_2O + 2e^- \rightleftharpoons HPO_3^{2-} + 3OH^-$	-1.05	$I_3^- + 2e^- \rightleftharpoons 3I^-$	0.536
$SO_4^{2-} + H_2O + 2e^- \rightleftharpoons SO_3^{2-} + 2OH^-$	-0.93	$AgBrO_3 + e^- \rightleftharpoons Ag + BrO_3^-$	0.546
$2H_2O + 2e^- \rightleftharpoons H_2 + 2OH^-$	-0.8277	$MnO_4^- + e^- \rightleftharpoons MnO_4^{2-}$	0.558
$Zn^{2+} + 2e^- \rightleftharpoons Zn$	-0.7618	$AgNO_2 + e^- \rightleftharpoons Ag + NO_2^-$	0.564
$Cr^{3+} + 3e^- \rightleftharpoons Cr$	-0.744	$H_3AsO_4 + 2H^+ + 2e^- \rightleftharpoons HAsO_2 + 2H_2O$	0.560
$AsO_4^{3-} + 2H_2O + 2e^- \rightleftharpoons AsO_2^- + 4OH^-$	-0.71	$MnO_4^- + 2H_2O + 3e^- \rightleftharpoons MnO_2 + 4OH^-$	0.595
$AsO_2^- + 2H_2O + 3e^- \rightleftharpoons As + 4OH^-$	-0.68	$Hg_2SO_4 + 2e^- \rightleftharpoons 2Hg + SO_4^{2-}$	0.6125
$SbO_2^- + 2H_2O + 3e^- \rightleftharpoons Sb + 4OH^-$	-0.66	$O_2 + 2H^+ + 2e^- \rightleftharpoons H_2O_2$	0.695
$SbO_3^- + H_2O + 2e^- \rightleftharpoons SbO_2^- + 2OH^-$	-0.59	$[PtCl_4]^{2-} + 2e^- \rightleftharpoons Pt + 4Cl^-$	0.755
$Fe(OH)_3 + e^- \rightleftharpoons Fe(OH)_2 + OH^-$	-0.56	$BrO^- + H_2O + 2e^- \rightleftharpoons Br^- + 2OH^-$	0.761
$2CO_2 + 2H^+ + 2e^- \rightleftharpoons H_2C_2O_4$	-0.49	$Fe^{3+} + e^- \rightleftharpoons Fe^{2+}$	0.771
$B(OH)_3 + 7H^+ + 8e^- \rightleftharpoons BH_4^- + 3H_2O$	-0.481	$Hg_2^{2+} + 2e^- \rightleftharpoons 2Hg$	0.7973
$S + 2e^- \rightleftharpoons S^{2-}$	-0.47627	$Ag^+ + e^- \rightleftharpoons Ag$	0.7996
$Fe^{2+} + 2e^- \rightleftharpoons Fe$	-0.447	$ClO^- + H_2O + 2e^- \rightleftharpoons Cl^- + 2OH^-$	0.81
$Cr^{3+} + e^- \rightleftharpoons Cr^{2+}$	-0.407	$Hg^{2+} + 2e^- \rightleftharpoons Hg$	0.851
$Cd^{2+} + 2e^- \rightleftharpoons Cd$	-0.4030	$2Hg^{2+} + 2e^- \rightleftharpoons Hg_2^{2+}$	0.920
$PbSO_4 + 2e^- \rightleftharpoons Pb + SO_4^{2-}$	-0.3588	$NO_3^- + 3H^+ + 2e^- \rightleftharpoons HNO_2 + H_2O$	0.934
$Tl^+ + e^- \rightleftharpoons Tl$	-0.336	$Pd^{2+} + 2e^- \rightleftharpoons Pd$	0.951
$[Ag(CN)_2]^- + e^- \rightleftharpoons Ag + 2CN^-$	-0.31	$Br_2(l) + 2e^- \rightleftharpoons 2Br^-$	1.066
$Co^{2+} + 2e^- \rightleftharpoons Co$	-0.28	$Br_2(aq) + 2e^- \rightleftharpoons 2Br^-$	1.0873

半反应	$\varphi^{\ominus}/\text{V}$	半反应	$\varphi^{\ominus}/\text{V}$
$H_3PO_4+2H^++2e^-\rightleftharpoons H_3PO_3+H_2O$	-0.276	$2IO_3^-+12H^++10e^-\rightleftharpoons I_2+6H_2O$	1.195
$PbCl_2+2e^-\rightleftharpoons Pb+2Cl^-$	-0.2675	$ClO_3^-+3H^++2e^-\rightleftharpoons HClO_2+H_2O$	1.214
$Ni^{2+}+2e^-\rightleftharpoons Ni$	-0.257	$MnO_2+4H^++2e^-\rightleftharpoons Mn^{2+}+2H_2O$	1.224
$V^{3+}+e^-\rightleftharpoons V^{2+}$	-0.255	$O_2+4H^++4e^-\rightleftharpoons 2H_2O$	1.229
$CdSO_4+2e^-\rightleftharpoons Cd+SO_4^{2-}$	-0.246	$Cr_2O_7^{2-}+14H^++6e^-\rightleftharpoons 2Cr^{3+}+7H_2O$	1.36
$Cu(OH)_2+2e^-\rightleftharpoons Cu+2OH^-$	-0.222	$Tl^{3+}+2e^-\rightleftharpoons Tl^+$	1.252
$CO_2+2H^++2e^-\rightleftharpoons HCOOH$	-0.199	$2HNO_2+4H^++4e^-\rightleftharpoons N_2O+3H_2O$	1.297
$AgI+e^-\rightleftharpoons Ag+I^-$	-0.15224	$HBrO+H^++2e^-\rightleftharpoons Br^-+H_2O$	1.331
$O_2+2H_2O+2e^-\rightleftharpoons H_2O_2+2OH^-$	-0.146	$HCrO_4^-+7H^++3e^-\rightleftharpoons Cr^{3+}+4H_2O$	1.350
$Sn^{2+}+2e^-\rightleftharpoons Sn$	-0.1375	$Cl_2(g)+2e^-\rightleftharpoons 2Cl^-$	1.35827
$CrO_4^{2-}+4H_2O+3e^-\rightleftharpoons Cr(OH)_3+5OH^-$	-0.13	$ClO_4^-+8H^++8e^-\rightleftharpoons Cl^-+4H_2O$	1.389
$Pb^{2+}+2e^-\rightleftharpoons Pb$	-0.1262	$HClO+H^++2e^-\rightleftharpoons Cl^-+H_2O$	1.482
$O_2+H_2O+2e^-\rightleftharpoons HO_2^-+OH^-$	-0.076	$MnO_4^-+8H^++5e^-\rightleftharpoons Mn^{2+}+4H_2O$	1.507
$Fe^{3+}+3e^-\rightleftharpoons Fe$	-0.037	$MnO_4^-+4H^++3e^-\rightleftharpoons MnO_2+2H_2O$	1.679
$Ag_2S+2H^++2e^-\rightleftharpoons 2Ag+H_2S$	-0.0366	$Au^++e^-\rightleftharpoons Au$	1.692
$2H^++2e^-\rightleftharpoons H_2$	0.00000	$Ce^{4+}+e^-\rightleftharpoons Ce^{3+}$	1.72
$Pd(OH)_2+2e^-\rightleftharpoons Pd+2OH^-$	0.07	$H_2O_2+2H^++2e^-\rightleftharpoons 2H_2O$	1.776
$AgBr+e^-\rightleftharpoons Ag+Br^-$	0.07133	$Co^{3+}+e^-\rightleftharpoons Co^{2+}$	1.92
$S_4O_6^{2-}+2e^-\rightleftharpoons 2S_2O_3^{2-}$	0.08	$S_2O_8^{2-}+2e^-\rightleftharpoons 2SO_4^{2-}$	2.010
$[Co(NH_3)_6]^{3+}+e^-\rightleftharpoons [Co(NH_3)_6]^{2+}$	0.108	$F_2+2e^-\rightleftharpoons 2F^-$	2.866
$S+2H^++2e^-\rightleftharpoons H_2S(aq)$	0.142	$F_2+2H^++2e^-\rightleftharpoons 2HF$	3.053

注：本表数据主要摘自 Lide DR. Handbook of Chemistry and Physics，90th ed，New York：CRC Press，2010。

附录 5　金属配合物的稳定常数

配体及金属离子	$\lg\beta_1$	$\lg\beta_2$	$\lg\beta_3$	$\lg\beta_4$	$\lg\beta_5$	$\lg\beta_6$
氨（NH_3）						
Co^{2+}	2.11	3.74	4.79	5.55	5.73	5.11
Co^{3+}	6.7	14.0	20.1	25.7	30.8	35.2
Cu^{2+}	4.31	7.98	11.02	13.32	12.86	
Hg^{2+}	8.8	17.5	18.5	19.28		
Ni^{2+}	2.80	5.04	6.77	7.96	8.71	8.74
Ag^+	3.24	7.05				
Zn^{2+}	2.37	4.81	7.31	9.46		
Cd^{2+}	2.65	4.75	6.19	7.12	6.80	5.14
氯离子（Cl^-）						
Sb^{3+}	2.26	3.49	4.18	4.72		
Bi^{3+}	2.44	4.7	5.0	5.6		
Cu^+		5.5	5.7			
Pt^{2+}		11.5	14.5	16.0		
Hg^{2+}	6.74	13.22	14.07	15.07		
Au^{3+}		9.8				
Ag^+	3.04	5.04		5.30		

配体及金属离子	$\lg\beta_1$	$\lg\beta_2$	$\lg\beta_3$	$\lg\beta_4$	$\lg\beta_5$	$\lg\beta_6$
氰离子(CN^-)						
Au^+		38.3				
Cd^{2+}	5.48	10.60	15.23	18.78		
Cu^+		24.0	28.59	30.30		
Fe^{2+}						35
Fe^{3+}						42
Hg^{2+}				41.4		
Ni^{2+}				31.3		
Ag^+		21.1	21.7	20.6		
Zn^{2+}				16.7		
氟离子(F^-)						
Al^{3+}	6.10	11.15	15.00	17.75	19.37	19.84
Fe^{3+}	5.28	9.30	12.06			
碘离子(I^-)						
Bi^{3+}	3.63			14.95	16.80	18.80
Hg^{2+}	12.87	23.82	27.60	29.83		
Ag^+	6.58	11.74	13.68			
硫氰酸根(SCN^-)						
Fe^{3+}	2.95	3.36				
Hg^{2+}		17.47		21.23		
Au^+		23		42		
Ag^+		7.57	9.08	10.08		
硫代硫酸根($S_2O_3^{2-}$)						
Ag^+	8.82	13.46				
Hg^{2+}		29.44	31.90	33.24		
Cu^+	10.27	12.22	13.84			
醋酸根(CH_3COO^-)						
Fe^{3+}	3.2					
Hg^{2+}		8.43				
Pb^{2+}	2.52	4.0	6.4	8.5		
枸橼酸根(按 L^{3-} 配体)						
Al^{3+}	20.0					
Co^{2+}	12.5					
Cd^{2+}	11.3					
Cu^{2+}	14.2					
Fe^{2+}	15.5					
Fe^{3+}	25.0					
Ni^{2+}	14.3					
Zn^{2+}	11.4					

配体及金属离子	lgβ_1	lgβ_2	lgβ_3	lgβ_4	lgβ_5	lgβ_6
乙二胺($H_2NCH_2CH_2NH_2$)						
Co^{2+}	5.91	10.64	13.94			
Cu^{2+}	10.67	20.00	21.0			
Zn^{2+}	5.77	10.83	14.11			
Ni^{2+}	7.52	13.84	18.33			
草酸根($C_2O_4^{2-}$)						
Cu^{2+}	6.16	8.5				
Fe^{2+}	2.9	4.52	5.22			
Fe^{3+}	9.4	16.2	20.2			
Hg^{2+}		6.98				
Zn^{2+}	4.89	7.60	8.15			
Ni^{2+}	5.3	7.64	~8.5			

注：摘录自 Lange's Handbook of Chemistry，16th ed，2005：1358-1379。

附录6　实验室常用酸碱试剂的浓度和相对密度

试剂名称	相对密度	含量/%	浓度/mol·L^{-1}
浓硫酸(H_2SO_4)	1.84	96	18
稀硫酸	1.18	25	3
	1.06	9	1
浓盐酸(HCl)	1.19	38	12
稀盐酸	1.10	20	6
	1.03	7	2
浓硝酸(HNO_3)	1.42	69.8	16
稀硝酸	1.2	32	6
	1.07	12	2
浓磷酸(H_3PO_4)	1.7	85	15
稀磷酸	1.05	9	1
稀高氯酸($HClO_4$)	1.12	19	2
浓氢氟酸(HF)	1.13	40	23
冰醋酸(HAc)	1.05	90.5	17
稀醋酸	1.04	35	6
	1.02	12	2
浓氢氧化钠(NaOH)	1.43	40	14
稀氢氧化钠	1.09	8	2
浓氨水($NH_3·H_2O$)	0.88	25~27	15
稀氨水	0.99	3.5	2

pH	配　制　方　法
0	1mol·L^{-1}HCl 溶液
1.0	0.1mol·L^{-1}HCl 溶液
2.0	0.01mol·L^{-1}HCl 溶液
3.6	NaAc·3H$_2$O 8g,溶于适量水中,加 6mol·L^{-1}HAc 溶液 134mL,稀释至 500mL
4.0	将 60mL 冰醋酸和 16g 无水醋酸钠溶于 100mL 水中,稀释至 500mL
4.5	将 30mL 冰醋酸和 30g 无水醋酸钠溶于 100mL 水中,稀释至 500mL
5.0	将 30mL 冰醋酸和 60g 无水醋酸钠溶于 100mL 水中,稀释至 500mL
5.4	将 40g 六亚甲基四胺溶于 90mL 水中,加入 20mL 6mol·L^{-1}HCl 溶液
5.7	100g NaAc·3H$_2$O 溶于适量水中,加 6mol·L^{-1}HAc 溶液 13mL,稀释至 500mL
7.0	77g NH$_4$Ac 溶于适量水中,稀释至 500mL
7.5	NH$_4$Cl 60g 溶于适量水中,加浓氨水 1.4mL,稀释至 500mL
8.0	NH$_4$Cl 50g 溶于适量水中,加浓氨水 3.5mL,稀释至 500mL
8.5	NH$_4$Cl 40g 溶于适量水中,加浓氨水 8.8mL,稀释至 500mL
9.0	NH$_4$Cl 35g 溶于适量水中,加浓氨水 24mL,稀释至 500mL
9.5	NH$_4$Cl 30g 溶于适量水中,加浓氨水 65mL,稀释至 500mL
10	NH$_4$Cl 27g 溶于适量水中,加浓氨水 175mL,稀释至 500mL
11	NH$_4$Cl 3g 溶于适量水中,加浓氨水 207mL,稀释至 500ml
12	0.01mol·L^{-1}NaOH 溶液
13	1mol·L^{-1}NaOH 溶液

附录8　常见离子和化合物的颜色

离子及化合物	颜色	离子及化合物	颜色	离子及化合物	颜色
Ag$_2$O	褐色	CaHPO$_4$	白色	Fe$_2$(SiO$_3$)$_3$	棕红色
AgCl	白色	CaSO$_3$	白色	FeC$_2$O$_4$	淡黄色
AgCO$_3$	白色	[Co(H$_2$O)$_6$]$^{2+}$	粉红色	Fe$_3$[Fe(CN)$_6$]$_2$	蓝色
Ag$_3$PO$_4$	黄色	[Co(NH$_3$)$_6$]$^{2+}$	黄色	Fe$_4$[Fe(CN)$_6$]$_3$	蓝色
AgCrO$_4$	砖红色	[Co(NH$_3$)$_6$]$^{3+}$	橙黄色	HgO	红(黄)色
Ag$_2$C$_2$O$_4$	白色	[Co(SCN)$_4$]$^{2-}$	蓝色	Hg$_2$Cl$_2$	白黄色
AgCN	白色	CoO	灰绿色	Hg$_2$I$_2$	黄色
AgSCN	白色	Co$_2$O$_3$	黑色	HgS	红或黑
Ag$_2$S$_2$O$_3$	白色	Co(OH)$_2$	粉红色	CuO	黑色
Ag$_3$[Fe(CN)$_6$]	橙色	Co(OH)Cl	蓝色	Cu$_2$O	暗红色
Ag$_4$[Fe(CN)$_6$]	白色	Co(OH)$_3$	褐棕色	Cu(OH)$_2$	淡蓝色
AgBr	淡黄色	[Cu(H$_2$O)$_4$]$^{2+}$	蓝色	Cu(OH)	黄色
AgI	黄色	[CuCl$_2$]$^-$	白色	CuCl	白色
Ag$_2$S	黑色	[CuCl$_4$]$^{2-}$	黄色	CuI	白色
Ag$_2$SO$_4$	白色	[CuI$_2$]$^-$	黄色	CuS	黑色
Al(OH)$_3$	白色	[Cu(NH$_3$)$_4$]$^{2+}$	深蓝色	CuSO$_4$·5H$_2$O	蓝色
BaSO$_4$	白色	K$_2$Na[Co(NO$_2$)$_6$]	黄色	Cu$_2$(OH)$_2$SO$_4$	浅蓝色
Al(OH)$_3$	白色	[Cu(NH$_3$)$_4$]$^{2+}$	深蓝色	CuSO$_4$·5H$_2$O	蓝色
BaSO$_4$	白色	K$_2$Na[Co(NO$_2$)$_6$]	黄色	Cu$_2$(OH)$_2$SO$_4$	浅蓝色
BaSO$_3$	白色	(NH$_4$)$_2$Na[CO(NO$_2$)$_6$]	黄色	Cu$_2$(OH)$_2$CO$_3$	蓝色
BaS$_2$O$_3$	白色	CdO	棕灰色	Cu$_2$[Fe(CN)$_6$]	红棕色
BaCO$_3$	白色	Cd(OH)$_2$	白色	Cu(SCN)$_2$	黑绿色
Ba$_3$(PO$_4$)$_2$	白色	CdCO$_3$	白色	[Fe(H$_2$O)$_6$]$^{2+}$	浅绿色
BaCrO$_4$	黄色	CdS	黄色	[Fe(H$_2$O)$_6$]$^{3+}$	淡紫色
BaC$_2$O$_4$	白色	[Cr(H$_2$O)$_6$]$^{2+}$	天蓝色	[Fe(CN)$_6$]$^{4-}$	黄色
CoCl$_2$·2H$_2$O	紫红色	[Cr(H$_2$O)$_6$]$^{3+}$	蓝紫色	[Fe(CN)$_6$]$^{3-}$	红棕色
CoCl$_2$·6H$_2$O	粉红色	CrO^{2-}	绿色	[Fe(NCS)$_n$]$^{3-n}$	血红色

离子及化合物	颜色	离子及化合物	颜色	离子及化合物	颜色
CoS	黑色	$Cr_2O_4^{2-}$	黄色	FeO	黑色
$CoSO_4 \cdot 7H_2O$	红色	$Cr_2O_7^{2-}$	橙色	Fe_2O_3	砖红色
$CoSiO_3$	紫色	Cr_2O_3	绿色	$Fe(OH)_2$	白色
$K_3[CO(NO_2)_6]$	黄色	CrO_3	橙红色	$Fe(OH)_3$	红棕色
$BiOCl$	白色	$Cr(OH)_3$	灰绿色	$[Mn(H_2O)_6]^{2+}$	浅红色
BiI_3	白色	$CrCl_3 \cdot 6H_2O$	绿色	MnO_4^{2-}	绿色
Bi_2S_3	黑色	$Cr_2(SO_4)_3 \cdot 6H_2O$	绿色	MnO_4^{-}	紫红色
Bi_2O_3	黄色	$Cr_2(SO_4)_3$	桃红色	MnO_2	棕色
$Bi(OH)_3$	黄色	$Cr_2(SO_4)_3 \cdot 18H_2O$	紫色	$Mn(OH)_2$	白色
$BiO(OH)$	灰黄色	$FeCl_3 \cdot 6H_2O$	黄棕色	MnS	肉色
$Bi(OH)CO_3$	白色	FeS	黑色	$MnSiO_3$	肉色
$NaBiO_3$	黄棕色	Fe_2S_3	黑色	$MgNH_4PO_4$	白色
CaO	白色	$[Fe(NO)]SO_4$	深棕色	$MgCO_3$	白色
$Ca(OH)_2$	白色	$(NH_4)_2Fe(SO_4)_2 \cdot 6H_2O$	浅绿色	$Mg(OH)_2$	白色
$CaSO_4$	白色	$(NH_4)_2Fe(SO_4)_2 \cdot 12H_2O$	浅紫色	$[Ni(H_2O)_6]^{2+}$	亮绿色
$CaCO_3$	白色	$FeCO_3$	白色	$[Ni(NH_3)_6]^{2+}$	蓝色
$Ca_3(PO_4)_2$	白色	$FePO_4$	浅黄色	NiO	暗绿色
$Ni(OH)_2$	淡绿色	$Sb(OH)_3$	白色	$PbBr_2$	白色
$Ni(OH)_3$	黑色	$SbOCl$	白色	V_2O_5	红棕,橙
Hg_2SO_4	白色	SbI_3	黄色	ZnO	白色
$Hg_2(OH)_2CO_3$	红褐色	$Na[Sb(OH)_6]$	白色	$Zn(OH)_2$	白色
I_2	紫色	$Sn(OH)Cl$	白色	ZnS	白色
I_3^{-}（碘水）	棕黄色	SnS	棕色	$Zn_2(OH)_2CO_3$	白色
$\begin{bmatrix}Hg\\O \quad NH_3\\Hg\end{bmatrix}$	红棕色	SnS_2	黄色	ZnC_2O_4	白色
		$Sn(OH)_4$	白色	$ZnSiO_3$	白色
		TiO_2^{2+}	橙红色	$Zn_2[Fe(CN)_6]$	白色
PbI_2	黄色	$[V(H_2O)_6]^{2+}$	蓝紫色	$Zn_3[Fe(CN)_6]_2$	黄褐色
PbS	黑色	VO^{2+}	蓝色	$NaAc \cdot Zn(Ac)_2 \cdot 3UO_2(Ac)$	黄色
$PbSO_4$	白色	NiS	黑色	$Na_3[Fe(CN)_5NO] \cdot 2H_2O$	红色
$PbCO_3$	白色	$NiSiO_3$	翠绿色	$(NH_4)_3PO_4 \cdot 12MoO_3 \cdot 6H_2O$	黄色
$PbCrO_4$	黄色	$Ni(CN)_2$	浅绿色	$[Ti(H_2O)_6]^{3+}$	紫色
PbC_2O_4	白色	PbO_2	棕褐色	$TiCl_3 \cdot 6H_2O$	紫或绿色
$PbMoO_4$	黄色	Pb_3O_4	红色	$[V(H_2O)_6]^{3+}$	绿色
Sb_2O_3	白色	$Pb(OH)_2$	白色	VO_2^{+}	黄色
Sb_2O_5	淡黄色	$PbCl_2$	白色		

附录9 一些物质或基团的相对分子质量

物 质	相对分子质量	物 质	相对分子质量	物 质	相对分子质量
$AgNO_3$	169.87	H_3BO_3	61.83	$NaCN$	49.01
Al	26.98	HCl	36.46	$NaOH$	40.01
$Al_2(SO_4)_3$	342.15	$KBrO_3$	167.01	$Na_2S_2O_3$	158.11
Al_2O_3	101.96	KIO_3	214.00	$Na_2S_2O_3 \cdot 5H_2O$	248.18
BaO	153.34	$K_2W_2O_7$	294.19	NH_4Cl	53.49
Ba	137.3	$KMnO_4$	158.04	NH_3	17.03
$BiCl_2 \cdot 2H_2O$	244.28	$KHC_8H_4O_4$	204.23	$NH_3 \cdot H_2O$	35.05
$BaSO_4$	233.4	MgO	40.31	$NH_4Fe(SO_4)_2 \cdot 12H_2O$	482.19
$BaCO_3$	197.35	$MgNH_4PO_4$	137.33	$(NH_4)_2SO_4$	132.14
Bi	208.98	$NaCl$	58.44	P_2O_5	141.95
CaC_2O_4	128.10	Na_2S	78.04	$PbCrO_4$	323.19

物　质	相对分子质量	物　质	相对分子质量	物　质	相对分子质量
Ca	40.08	Na_2CO_3	106.0	Pb	207.2
$CaCO_3$	100.09	$Na_2B_4O_7 \cdot 10H_2O$	381.37	PbO_2	239.19
CaO	56.08	Na_2SO_4	142.04	SO_3	80.06
CuO	79.54	Na_2SO_3	126.04	SO_2	64.06
Cu	63.55	$Na_2C_2O_4$	134.0	SO_4^{2-}	96.06
$CuSO_4 \cdot 5H_2O$	249.68	Na_2SiF_6	188.06	S	32.06
CH_3COOH	60.05	$Na_2H_2Y \cdot 2H_2O$(EDTA 二钠盐)	372.26	SiO_2	60.08
$C_4H_6O_6$(酒石酸)	150.09	NaI	149.39	$SnCl_2$	189.60
Fe	55.85	NaBr	102.90	HCHO(甲醛)	30.03
$FeSO_4 \cdot 7H_2O$	278.02	Na_2O	61.98	$K_3[Fe(C_2O_4)] \cdot 3H_2O$	491.26
Fe_2O_3	159.69				

附录10　某些试剂溶液的配制

试剂	配制方法
镁试剂	称取 0.01g 镁试剂溶解于 1000mL 2mol·L^{-1}NaOH 溶液中,摇匀
铬酸洗液	将 20g 重铬酸钾(化学纯)置于 500mL 烧杯中,加水 40mL 加热溶解。冷却后在搅动下缓缓加入 320mL 粗浓硫酸,保存在磨口细口瓶中
丁二酮肟溶液	称取 1g 丁二酮肟溶于 100mL 95% 乙醇中
高锰酸钾溶液	称取稍多于理论量的高锰酸钾溶于水,加热煮沸 1h。放置 2~3d 后,滤除沉淀,并保存在棕色瓶中放置暗处。使用前用草酸钠基准物质标定
铬黑 T 指示剂	称取 0.5g 铬黑 T,将其溶解于 10mL $NH_3 \cdot H_2O$-NH_4Cl 缓冲溶液中,用 95% 乙醇稀释至 100mL。注意现用现配,不易久放
标准铁溶液	准确称取 0.8463g 分析纯 $NH_4Fe(SO_4)_2 \cdot 12H_2O$,将其溶解于 20mL 6mol·$L^{-1}$ HCl 溶液和少量纯水中,转移至 1000mL 容量瓶中定容,其浓度为 0.1mg·mL^{-1}
0.15% 邻二氮菲溶液	称取 0.75g 邻二氮菲,将其溶于 500mL 水中,并在每 100mL 水中加 2 滴浓盐酸。注意应使用新鲜配制的该溶液
10% 的盐酸羟胺溶液	称取 50g 盐酸羟胺,将其溶于 500mL 纯水中。用时现配
$PbCl_2$ 饱和溶液	将过量的 $PbCl_2$(AR)溶于煮沸除去 CO_2 的水中。充分搅拌并放置,以使溶解达到平衡,然后用定量滤纸过滤(所用滤纸必须是干燥的)
0.0500mol·L^{-1}碘标准溶液	称取 22.0g 分析纯 KI,放入研钵中,加入 5mL 蒸馏水使其溶解。加入 13g 纯碘,小心研磨到碘完全溶解,然后倒入洁净的 1000mL 棕色玻塞试剂瓶中,用少量蒸馏水冲洗研钵,并入瓶中。加蒸馏水稀释至 1000mL 摇匀。然后用 $Na_2S_2O_3$ 标准溶液标定
0.01000mol·L^{-1}[Fe^{3+}]溶液	用分析天平称取 4.8384g 分析纯 $NH_4Fe(SO_4)_2 \cdot 12H_2O$,加入 100mL 2mol·$L^{-1}$ HNO_3 溶液,搅拌使其溶解,然后转移到 1000mL 容量瓶中待用
0.01000mol·L^{-1}磺基水杨酸溶液	用分析天平称取 2.5400g 磺基水杨酸($C_7H_6O_6S \cdot 2H_2O$,$M_r = 254.22$),溶于 1L 0.01mol·L^{-1} $HClO_4$ 溶液中,混匀
标准 Fe^{3+} 溶液	准确称取 0.8640g 分析纯 $NH_4Fe(SO_4)_2 \cdot 12H_2O$,加入 100mL 2mol·$L^{-1}$ HNO_3 溶液,搅拌使其溶解,加入适量的蒸馏水,然后转移到 1000mL 容量瓶中,定容。其浓度为 0.1g·L^{-1}
0.25mol·L^{-1}磺基水杨酸溶液	称取 5.4g 磺基水杨酸溶于 50mL 蒸馏水中,加入 5~6mL 10mol·L^{-1}氨水,并用水稀释至 100mL
pH=4.7 的缓冲溶液	将 100mL 6.0mol·L^{-1} HCl 溶液与 380mL 50g·L^{-1} NaAc 溶液混合;或 2mol·L^{-1} HAc 与同浓度 NaAc 溶液等体积混合

附录 11 酸碱混合指示剂

指示剂溶液的组成	变色时 pH	颜色		备　注
		酸色	碱色	
一份 0.1%甲基黄乙醇溶液 一份 0.1%亚甲基蓝乙醇溶液	3.25	蓝紫	绿	pH=3.2 蓝紫色 pH=3.4 绿色
一份 0.1%甲基橙水溶液 一份 0.25%靛蓝二磺酸水溶液	4.1	紫	黄绿	
一份 0.1%溴甲酚绿钠盐水溶液 一份 0.2%甲基橙水溶液	4.3	橙	蓝绿	pH=3.5 黄色,pH=4.05 绿色 pH=4.3 浅绿色
三份 0.1%溴甲酚绿乙醇溶液 一份 0.2%甲基红乙醇溶液	5.1	酒红	绿	
一份 0.1%溴甲酚绿钠盐水溶液 一份 0.1%氯酚红钠盐水溶液	6.1	黄绿	蓝紫	pH=5.4 蓝绿色,pH=5.8 蓝色 pH=6.0 蓝带紫,pH=6.2 蓝紫色
一份 0.1%中性红乙醇溶液 一份 0.1%亚甲基蓝乙醇溶液	7.0	蓝紫	绿	pH=7.0 紫蓝
一份 0.1%甲酚红钠盐水溶液 三份 0.1%百里酚蓝钠盐水溶液	8.3	黄	紫	pH=8.2 玫瑰红 pH=8.4 清晰的紫色
一份 0.1%百里酚蓝 50%乙醇溶液 二份 0.1%酚酞 50%乙醇溶液	9	黄	紫	从黄到绿,再到紫
一份 0.1%酚酞乙醇溶液 一份 0.1%百里酚酞乙醇溶液	9.9	无	紫	pH=9.6 玫瑰红 pH=10 紫红
二份 0.1%百里酚酞乙醇溶液 一份 0.1%茜素黄乙醇溶液	10.2	黄	紫	

附录 12 常用酸碱指示剂

名　称	变色范围	颜色变化	配　制　方　法
0.1%百里酚蓝	1.2~2.8	红~黄	0.1g 百里酚蓝溶于 20mL 乙醇中,加水至 100mL
0.1%甲基橙	3.1~4.4	红~黄	0.1g 甲基橙溶于 100mL 热水中
0.1%溴酚蓝	3.0~1.6	黄~紫蓝	0.1g 溴酚蓝溶于 20mL 乙醇中,加水至 100mL
0.1%溴甲酚绿	4.0~5.4	黄~蓝	0.1g 溴甲酚绿溶于 20mL 乙醇中,加水至 100mL
0.1%甲基红	4.8~6.2	红~黄	0.1g 甲基红溶于 60mL 乙醇中,加水至 100mL
0.1%溴百里酚蓝	6.0~7.6	黄~蓝	0.1g 溴百里酚蓝溶于 20mL 乙醇中,加水至 100mL
0.1%中性红	6.8~8.0	红~黄橙	0.1g 中性红溶于 60mL 乙醇中,加水至 100mL
0.2%酚酞	8.0~9.6	无~红	0.2g 酚酞溶于 90mL 乙醇中,加水至 100mL
0.1%百里酚蓝	8.0~9.6	黄~蓝	0.1g 百里酚蓝溶于 20mL 乙醇中,加水至 100mL
0.1%百里酚酞	9.4~10.6	无~蓝	0.1g 百里酚酞溶于 90mL 乙醇中,加水至 100mL
0.1%茜素黄	10.1~12.1	黄~紫	0.1g 茜素黄溶于 100mL 水中

参 考 文 献

[1] 孟长功，辛剑. 基础化学实验. 北京：高等教育出版社，2009.

[2] 居学海. 大学化学实验4（综合与设计性实验）. 北京：化学工业出版社，2007.

[3] 武汉大学主编. 分析化学实验. 第4版. 北京：高等教育出版社，2001.

[4] 王冬梅. 分析化学实验. 武汉：华中科技大学出版社，2007.

[5] 黄少云. 无机及分析化学实验. 北京：化学工业出版社，2008.

[6] 张明晓. 分析化学实验教程. 北京：科学出版社，2008.

[7] 南京大学《无机及分析化学实验》编写组. 无机及分析化学实验. 北京：高等教育出版社，2006.

[8] 武汉大学化学与分子科学学院实验中心编. 无机及分析化学实验. 第2版. 武汉：武汉大学出版社，2001.

[9] 南京大学大学化学实验教学组编. 大学化学实验. 北京：高等教育出版社，1999.

[10] 王少云，姜维林. 分析化学与药物分析实验. 济南：山东大学出版社，2003.

[11] 浙江大学，华东理工大学，四川大学合编. 殷学峰主编. 新编大学化学实验. 北京：高等教育出版社，2002.

[12] 金谷，江万权，周俊英. 定量分析化学实验. 合肥：中国科学技术大学出版社，2005.

[13] 周井炎. 基础化学实验（上）. 第2版. 武汉：华中科技大学出版社，2008.

[14] 李生英，白林，徐飞. 无机化学实验. 北京：化学工业出版社，2007.

[15] 徐琰. 无机化学实验. 郑州：郑州大学出版社，2006.

[16] 侯振雨. 无机及分析化学实验. 第3版. 北京：化学工业出版社，2014.

[17] 北京师范大学无机化学教研室等. 无机化学实验. 第3版. 北京：高等教育出版社，2004.

[18] 大连理工大学无机化学教研室. 无机化学实验. 第2版. 北京：高等教育出版社，2004.

[19] 蔡维平. 基础化学实验. 北京：科学出版社，2004.

[20] 关鲁雄. 化学基本操作与物质制备实验. 长沙：中南大学出版社，2002.

[21] 郭伟强. 大学化学基础实验. 北京：科学出版社，2005.

[22] 高丽华. 基础化学实验. 北京：化学工业出版社，2004.

[23] 梁均方. 无机化学实验. 广州：广东高等教育出版社，2000.

[24] 郑春生等. 基础化学实验. 天津：南开大学出版社，2002.

[25] 武汉大学. 分析化学，第5版. 北京：高等教育出版社，2006.

[26] 北京大学化学系分析化学教研室. 基础分析化学实验. 第2版. 北京：北京大学出版社，1998.

[27] 吴江. 大学基础化学实验. 北京：化学工业出版社，2005.

[28] 李梦龙，蒲雪梅. 分析化学数据速查手册. 北京：化学工业出版社，2009.

[29] 赵福岐. 基础化学实验. 重庆：四川大学出版社，2006.

[30] 陈红余，董丽花. 基础化学实验. 济南：山东教育出版社，2010.

[31] 徐春祥. 基础化学实验. 北京：高等教育出版社，2004.

[32] 李谦定，刘祥. 基础化学实验. 北京：化学工业出版社，2013.

[33] 李强国. 基础化学实验，南京：南京大学出版社，2011.

[34] 崔学桂，张晓丽，胡清萍. 基础化学实验（Ⅰ），北京：化学工业出版社，2007.

元 素 周 期 表

说明：

氧化态（单质的氧化态为0，未列入，常见的为红色）

以 ¹²C=12 为基准的相对原子质量（注◆的为人造元素半衰期最长同位素的相对原子质量）

95	原子序数
Am	元素符号（红色的为放射性元素）
镅	元素名称（注◆的为人造元素）
5f⁷7s²	价层电子构型
243.06◆	

区域图例：s区元素、p区元素、ds区元素、d区元素、f区元素、稀有气体

电子层： K L M N O P Q

主表

周期 / 族	IA	IIA	IIIB	IVB	VB	VIB	VIIB	VIIIB			IB	IIB	IIIA	IVA	VA	VIA	VIIA	VIIIA
1	**1 H** 氢 $1s^1$ 1.00794(7)																	**2 He** 氦 $1s^2$ 4.002602(2)
2	**3 Li** 锂 $2s^1$ 6.941(2)	**4 Be** 铍 $2s^2$ 9.012182(3)											**5 B** 硼 $2s^22p^1$ 10.811(7)	**6 C** 碳 $2s^22p^2$ 12.0107(8)	**7 N** 氮 $2s^22p^3$ 14.0067(2)	**8 O** 氧 $2s^22p^4$ 15.9994(3)	**9 F** 氟 $2s^22p^5$ 18.9984032(5)	**10 Ne** 氖 $2s^22p^6$ 20.1797(6)
3	**11 Na** 钠 $3s^1$ 22.989770(2)	**12 Mg** 镁 $3s^2$ 24.3050(6)											**13 Al** 铝 $3s^23p^1$ 26.981538(2)	**14 Si** 硅 $3s^23p^2$ 28.0855(3)	**15 P** 磷 $3s^23p^3$ 30.973761(2)	**16 S** 硫 $3s^23p^4$ 32.065(5)	**17 Cl** 氯 $3s^23p^5$ 35.453(2)	**18 Ar** 氩 $3s^23p^6$ 39.948(1)
4	**19 K** 钾 $4s^1$ 39.0983(1)	**20 Ca** 钙 $4s^2$ 40.078(4)	**21 Sc** 钪 $3d^14s^2$ 44.955910(8)	**22 Ti** 钛 $3d^24s^2$ 47.867(1)	**23 V** 钒 $3d^34s^2$ 50.9415	**24 Cr** 铬 $3d^54s^1$ 51.9961(6)	**25 Mn** 锰 $3d^54s^2$ 54.938049(9)	**26 Fe** 铁 $3d^64s^2$ 55.845(2)	**27 Co** 钴 $3d^74s^2$ 58.933200(9)	**28 Ni** 镍 $3d^84s^2$ 58.6934(2)	**29 Cu** 铜 $3d^{10}4s^1$ 63.546(3)	**30 Zn** 锌 $3d^{10}4s^2$ 65.409(4)	**31 Ga** 镓 $4s^24p^1$ 69.723(1)	**32 Ge** 锗 $4s^24p^2$ 72.64(1)	**33 As** 砷 $4s^24p^3$ 74.92160(2)	**34 Se** 硒 $4s^24p^4$ 78.96(3)	**35 Br** 溴 $4s^24p^5$ 79.904(1)	**36 Kr** 氪 $4s^24p^6$ 83.798(2)
5	**37 Rb** 铷 $5s^1$ 85.4678(3)	**38 Sr** 锶 $5s^2$ 87.62(1)	**39 Y** 钇 $4d^15s^2$ 88.90585(2)	**40 Zr** 锆 $4d^25s^2$ 91.224(2)	**41 Nb** 铌 $4d^45s^1$ 92.90638(2)	**42 Mo** 钼 $4d^55s^1$ 95.94(2)	**43 Tc** 锝 $4d^55s^2$ 97.907◆	**44 Ru** 钌 $4d^75s^1$ 101.07(2)	**45 Rh** 铑 $4d^85s^1$ 102.90550(2)	**46 Pd** 钯 $4d^{10}$ 106.42(1)	**47 Ag** 银 $4d^{10}5s^1$ 107.8682(2)	**48 Cd** 镉 $4d^{10}5s^2$ 112.411(8)	**49 In** 铟 $5s^25p^1$ 114.818(3)	**50 Sn** 锡 $5s^25p^2$ 118.710(7)	**51 Sb** 锑 $5s^25p^3$ 121.760(1)	**52 Te** 碲 $5s^25p^4$ 127.60(3)	**53 I** 碘 $5s^25p^5$ 126.90447(3)	**54 Xe** 氙 $5s^25p^6$ 131.293(6)
6	**55 Cs** 铯 $6s^1$ 132.90545(2)	**56 Ba** 钡 $6s^2$ 137.327(7)	**57~71 La~Lu** 镧系	**72 Hf** 铪 $5d^26s^2$ 178.49(2)	**73 Ta** 钽 $5d^36s^2$ 180.9479(1)	**74 W** 钨 $5d^46s^2$ 183.84(1)	**75 Re** 铼 $5d^56s^2$ 186.207(1)	**76 Os** 锇 $5d^66s^2$ 190.23(3)	**77 Ir** 铱 $5d^76s^2$ 192.217(3)	**78 Pt** 铂 $5d^96s^1$ 195.078(2)	**79 Au** 金 $5d^{10}6s^1$ 196.96655(2)	**80 Hg** 汞 $5d^{10}6s^2$ 200.59(2)	**81 Tl** 铊 $6s^26p^1$ 204.3833(2)	**82 Pb** 铅 $6s^26p^2$ 207.2(1)	**83 Bi** 铋 $6s^26p^3$ 208.98038(2)	**84 Po** 钋 $6s^26p^4$ 208.98◆	**85 At** 砹 $6s^26p^5$ 209.99◆	**86 Rn** 氡 $6s^26p^6$ 222.02◆
7	**87 Fr** 钫 $7s^1$ 223.02◆	**88 Ra** 镭 $7s^2$ 226.03◆	**89~103 Ac~Lr** 锕系	**104 Rf** 𬬻 $6d^27s^2$ 261.11◆	**105 Db** 𬭊 $6d^37s^2$ 262.11◆	**106 Sg** 𬭳 $6d^47s^2$ 263.12◆	**107 Bh** 𬭛 $6d^57s^2$ 264.12◆	**108 Hs** 𬭶 $6d^67s^2$ 265.13◆	**109 Mt** 䥑 $6d^77s^2$ 266.13◆	**110 Ds** 𫟼 269◆	**111 Rg** 𬬭 272◆	**112 Uub** 277◆	**113 Uut** 278◆	**114 Uuq** 289◆	**115 Uup** 288◆	**116 Uuh** 289◆		

镧系

57 **La** 镧 $5d^16s^2$ 138.9055(2)	58 **Ce** 铈 $4f^15d^16s^2$ 140.116(1)	59 **Pr** 镨 $4f^36s^2$ 140.90765(2)	60 **Nd** 钕 $4f^46s^2$ 144.24(3)	61 **Pm** 钷 $4f^56s^2$ 144.91◆	62 **Sm** 钐 $4f^66s^2$ 150.36(3)	63 **Eu** 铕 $4f^76s^2$ 151.964(1)	64 **Gd** 钆 $4f^75d^16s^2$ 157.25(3)	65 **Tb** 铽 $4f^96s^2$ 158.92534(2)	66 **Dy** 镝 $4f^{10}6s^2$ 162.500(1)	67 **Ho** 钬 $4f^{11}6s^2$ 164.93032(2)	68 **Er** 铒 $4f^{12}6s^2$ 167.259(3)	69 **Tm** 铥 $4f^{13}6s^2$ 168.93421(2)	70 **Yb** 镱 $4f^{14}6s^2$ 173.04(3)	71 **Lu** 镥 $4f^{14}5d^16s^2$ 174.967(1)

锕系

89 **Ac** 锕 $6d^17s^2$ 227.03◆	90 **Th** 钍 $6d^27s^2$ 232.0381(1)	91 **Pa** 镤 $5f^26d^17s^2$ 231.03588(2)	92 **U** 铀 $5f^36d^17s^2$ 238.02891(3)	93 **Np** 镎 $5f^46d^17s^2$ 237.05◆	94 **Pu** 钚 $5f^67s^2$ 244.06◆	95 **Am** 镅 $5f^77s^2$ 243.06◆	96 **Cm** 锔 $5f^76d^17s^2$ 247.07◆	97 **Bk** 锫 $5f^97s^2$ 247.07◆	98 **Cf** 锎 $5f^{10}7s^2$ 251.08◆	99 **Es** 锿 $5f^{11}7s^2$ 252.08◆	100 **Fm** 镄 $5f^{12}7s^2$ 257.10◆	101 **Md** 钔 $5f^{13}7s^2$ 258.10◆	102 **No** 锘 $5f^{14}7s^2$ 259.10◆	103 **Lr** 铹 $5f^{14}6d^17s^2$ 260.11◆